水文水资源
与水生态环境研究

侯超新　潘立云　张　琪◎主编

四川科学技术出版社

图书在版编目(CIP)数据

水文水资源与水生态环境研究 / 侯超新，潘立云，
张琪主编 . -- 成都：四川科学技术出版社，2023.6（2024.7 重印）
ISBN 978-7-5727-0991-3

Ⅰ . ①水… Ⅱ . ①侯… ②潘… ③张… Ⅲ . ①水资源
—研究②水环境—生态环境—研究 Ⅳ . ① TV211 ② X143

中国国家版本馆 CIP 数据核字（2023）第 092768 号

水文水资源与水生态环境研究

SHUIWEN SHUIZIYUAN YU SHUISHENGTAI HUANJING YANJIU

主　　编　侯超新　潘立云　张　琪

出 品 人　程佳月
责任编辑　朱　光
助理编辑　黄云松
封面设计　星辰创意
责任出版　欧晓春
出版发行　四川科学技术出版社
成都市锦江区三色路 238 号　邮政编码 610023
官方微博 http://weibo.com/sckjcbs
官方微信公众号 sckjcbs
传真 028-86361756
成品尺寸　170 mm × 240 mm
印　　张　7
字　　数　140 千
印　　刷　三河市嵩川印刷有限公司
版　　次　2023 年 6 月第 1 版
印　　次　2024 年 7 月第 2 次印刷
定　　价　50.00 元

ISBN　978-7-5727-0991-3

邮　　购：成都市锦江区三色路 238 号新华之星 A 座 25 层　邮政编码：610023
电　　话：028-86361770

前　言

水是生命之源，是不可替代的自然资源，也是国家重要的战略性经济资源。随着社会的快速发展以及全球气候的变化，地球面临的水资源问题越来越突出。水文学是研究地球上各种水体的存在、分布、运动及其变化规律的学科，主要探讨水体的物理、化学特性和水体对生态环境的作用。水资源学是随着经济发展人类对水的需求和地球水资源供给之间的摩擦不断加剧，以及对水资源研究的不断深入而逐渐发展起来的学科。在这一发展过程中，水文学的内容一直贯穿于水资源学的始终，是水资源学的基础。水文与水资源学和人类生活及一切经济活动密切相关，如制定流域或较大地区的经济发展规划及水资源开发利用，抑或一个大流域的上中下游各河段水资源利用和调度以及工程建设，都需要水文与水资源学方面的确切资料。

本书从水文与水资源学的基础理论出发，讲述了水文与水资源学的基本特征、研究方法、分布状况等基础信息，详细讲解了各种水循环途径以及径流的形成，对水文监测、水文调查、水文统计、水质评价相关的内容进行了归纳总结。同时从生态环境的角度出发，对水生态的保护和修复措施进行了系统的梳理。处理好水资源和社会经济发展、环境、生态系统之间的关系，以及对水资源实行科学管理和保护、水资源最大效用化，能够帮助人们更好地实现对水资源的可持续利用。

社会生产规模扩大，科学技术进入新的发展时期，人类改造自然的能力迅速增强。水文与水资源学和其他学科之间的边缘学科正在不断兴起，学科间的空隙逐渐得到填补。同时人们开始认识到，水已成为影响社会发展的重要因素。本书内容丰富，逻辑清晰，具有较强的科学性、知识性和资料性，可为水文、水生态环境的研究人员提供一定的参考。

CONTENTS 目录

第一章　水文与水资源研究概述

第一节　水文与水资源概述

一、水文学概述

水文学是研究地球上水的性质、分布、循环、运动变化规律及其与人类社会之间相互联系的科学。它经历了由萌芽到成熟、由定性到定量、由经验到理论的发展过程。如今的水文学分支众多、应用广泛、理论成熟、新分支学科不断兴起、研究领域不断扩大。及时把现今水文学的研究进展整理成一套理论体系是现代水文工作者肩负的重任。

（一）水文学的概念及发展阶段

1. 水文学的概念

水文学是地球科学的一个重要分支。1962 年，美国联邦政府科技委员会把“水文学”定义为“一门关于地球上水的存在、循环、分布，水的物理、化学性质以及环境（包括与生活有关事物）反应的学科”。1987 年,《中国大百科全书》提出水文科学是“关于地球上水的起源、存在、分布、循环运动等变化规律和运用这些规律为人类服务的知识体系”。

实际上，关于水文学的定义有很多提法。尽管在表述上有所不同，但基本上可以把水文学总结为“是一门研究地球上各种水体的形成运动规律以及相关问题的学科体系”。毫无疑问，它研究的主要对象是自然界客观存在且人类赖以生存的水，水永远是影响人类社会发展的重要因素。因此，在认识自然、改造世界的过程中，研究水文学有重要的意义和广阔的应用前景。

水文学涉及的内容十分广泛，包括许多基础科学问题，具有自然属性，是地球科学的组成部分。水循环使水圈、大气圈、生物圈和岩石圈紧密联系起来，因此，水文学与地球科学中的其他学科，如气象学、地质学、自然地理学等密切相关。

由于水文学在形成与发展过程中，直接为人类服务，并受人类活动的影响，所以它又具有社会属性，属于应用科学的范畴。人类对水循环的影响越来越大，人们急需从变化的自然和变化的社会角度来研究水文问题，研究人类活动影响下的水文效应与水文现象。这种趋势在现代水文学上表现得日益突出。

水文学的研究开始主要集中在陆地表面的河流、湖泊、沼泽、冰川等，之后逐渐扩展到地下水、土壤水、大气水和海洋水。传统的水文学是按照研究的水体来进行划分的，主要有河流水文学、湖泊水文学、沼泽水文学、冰川水文学、海洋水文学、地下水文学、土壤水文学、大气水文学等。

根据水文学主要采用的实验研究方法，水文学又派生出三个分支学科：水文测验学、水文调查、水文实验。

根据水文学研究内容上的不同，水文学又可划分为水文学原理、水文预报、水文分析与计算、水文地理学、河流动力学等分支学科。

作为应用科学，水文学又分为工程水文学（包括水文计算、水文预报等）、农业水文学、土壤水文学、森林水文学、城市水文学等。

另外，随着新理论、新技术的引进，水文学又出现了一些新的分支，如随机水文学、模糊水文学、灰色系统水文学、遥感水文学、同位素水文学等。

随着学科间的相互渗透、相互交叉以及新理论、新技术的发展和引进，水文学中新的分支学科不断兴起。

2. 水文学的发展阶段

人类在生存和改善生活的生产实践中，特别是人类在与水灾、旱灾进行斗争的过程中，对经常出现的水文现象进行探索，在不断认识和积累经验的基础上，汲取其他基础科学的新思想、新理论、新方法，才逐步形成水文学。我们可以把水文学的发展大致分为以下四个阶段。

（1）萌芽阶段（16 世纪末以前）

该时期人们为了生活和生产的需要，开始了原始的水位、雨量观测，对水流特性进行观察，并在一定程度上对水文现象进行定性描述、经验积累、推理解释。水文观测在历史上出现的时间较早。比如，《吕氏春秋》《水经注》等古代著作都系统地记载了我国各大河流的源流、水情，并记载了水循环的初步概念及其他水文知识。当然，由于这个时期人们的认识能力有限，对自然界的水文现象了解不够，也不可能上升到水文学理论的高度，所以这一漫长的发展过程仅是水文学的发展起源或萌芽阶段。

（2）形成阶段（17 世纪初至 19 世纪末）

该时期随着自然科学技术的迅速发展，水文观测实验仪器不断被人们发明和使用，特别是在 19 世纪末，各国普遍建立水文站网并制定统一的观测规范，使实测的水文数据成为科学分析的依据。该阶段是实验水文学的兴起阶段。在此基础上，人们发现了一些水文学的基本原理，从而奠定了水文学的基础，逐步形成了水文学体系。该阶段的特点是，水文现象由定性描述转为定量表达，水文学基本理论初步形成。

（3）兴起阶段（20 世纪初至 20 世纪 60 年代）

由于社会经济的迅速发展，水利、交通、动力等方面亟须大量开发，工程建设中的许多水文问题迫切需要解决。同时，随着实测水文资料的增多、水文站网的扩展，促进了水文预报和计算工作的开展，从而使应用水文学得到了广泛的发展。该时期除了出现许多经验公式和预报方法外，还出现了许多结合成因分析的推理公式、合理化公式以及相关因素预报方法等。该阶段的特点是，水文观测理论体系进一步成熟，应用水文学进一步发展，水文学理论体系逐步完善。

（4）现代阶段（20 世纪 60 年代至今）

20 世纪 60 年代以来，一方面，计算机技术的发展和遥感技术的应用以及一些新理论和边缘学科的不断渗透，为水文学的发展增添了许多新的技术手段、理论与方法，由此也派生出许多新的学科分支，使水文学理论更加丰富；另一方面，人类改造世界的能力不断增强，活动范围不断扩大，再加上人口膨胀，导致水资源短缺、环境污染、气候变化等一系列问题产生，这使水文学面临更多的机遇与挑战，特别是需要开展水资源及人类活动水文效应的研究，也促使水文学进入现代水文学的新阶段。该阶段的特点是，引进了计算机技术和 3S 技术，一些新理论、新方法和边缘学科不断渗透，分支学科不断派生，研究方法趋于综合，重点开展水资源及人类活动水文效应的研究。

（二）水文学面临的机遇与挑战

1. 水文学在理论和应用中面临的机遇

如前所述，水文学是人类在长期生产实践过程中不断总结形成的一门比较完善的科学体系。这里所说的“完善”并不是说“不用发展”了，相反，随着新技术、新理论的不断涌现和新需求的不断提出，水文学的研究表现得十分活跃。一方面，水文学不断发展和完善，促进了相关学科或领域的理论研究及应用研究。比如，水文学的发展为水资源学、资源经济学、生态水文学奠定了基础，为可持续水资源管理研究、生态环境需水研究、人类活动水文效应研究、水资源可再生性研究等重大科学问题或实践需求提供了支持。另一方面，不断增加的社会实践需求和相关科学问题理论研究需求，对现代水文学的研究提出了新的挑战，也促进了现代水文学的发展。比如，针对人类活动特别是高强度人类活动（如城镇化建设）所引起的水问题，需要我们加强对变化环境下的水文系统和水资源变化的研究，促进人类活动水文效应研究和城市水文学研究。再比如，在可持续水资源管理理论及应用中，我们迫切需要加强水文学基础方面的研究。因为可持续水资源管理特别强调对水循环、生态系统未来变化的研究，它要求我们了解未来水文情势及环境的变化影响，包括全球气候变化和人类活动的影响。

归纳起来，水文学在理论和应用中面临以下机遇与挑战。

不断提出的新理论迫切需要在水文学中得到检验和应用推广。一方面它们为水文学发展提供了新的理论基础；另一方面又需要水文学家不断吸收和改进新理论，以完善水文学理论体系。这是现代水文学遇到的前所未有的机遇。比如，人工神经网络理论有助于水文非线性问题研究；分形几何理论有助于水文相似性和变异性研究；混沌理论有助于水文不确定性问题研究；灰色系统理论有助于灰色水文系统不确定性研究。这些新理论已经渗透到水文学中，促进了水文学的不断发展。这既是机遇，也是挑战。

新技术特别是高科技的不断涌现，为水文学理论研究、实验观测、应用实践提供了新的技术手段。比如，3S 技术［即遥感（RS）技术、地理信息系统（GIS）技术和全球定位系统（GPS）技术的统称］可以提供快速的水文遥感观测信息，可以提供复杂信息的系统处理平台，为水文学理论研究（如水文模拟、水文预报、洪水演进等）、水文信息获取与传输（如洪水信息、地表水、地下水自动监测等）以及水文社会化服务（如防洪抗旱、水量调度等）提供很好的技术手段。再如，同位素实验技术可以为水循环研究提供技术手段，为地下水补给、径流排泄过程分析提供支持。现代新技术的飞速发展，为水文学研究提供了许多新的技术手段，大大促进了水文学的发展。

随着社会发展，人类活动日益加剧，引起的水问题越来越严重，人类对这一问题的关注程度也越来越强烈。解决这些水问题需要更深入的水文学知识，日益突出的水问题促进了水文学的发展，这是“机遇”。当然，由于面对的水问题越来越复杂，水文学研究也面临着更加严峻的“挑战”。

2. 水文学发展面临挑战的原因及前沿科学问题

水文学理论及应用研究面临挑战的原因不外乎两方面：一是内因，二是外因。水文系统本身的复杂性（如不确定性、非线性、尺度问题等）是水文学研究面临挑战的内因。观测手段和研究方法的局限性以及关键技术的限制是水文学研究面临挑战的外因。

水文不确定性问题、水文非线性问题、水文尺度问题，是研究水文系统本身复杂性的三个关键问题，也是当前水文学处在前沿的三方面科学问题。这些问题的研究对水文学的发展起重要的推动作用。

（1）水文不确定性问题

水文系统中广泛存在不确定性因素。正是不确定性的存在，使我们对许多水文事件（如降水、融雪等），特别是极端水文事件（如洪水、干旱等）的精确预测和定量分析仍然十分困难。由于水灾害发生的时间、地点和强度存在很大的不确定性，对其预测不准，常常会给人类带来灾难。假如水文系统中不存在不确定性因素，人们就能准确预测未来的水文事件，就会有的放矢地应对这类事件，及早采取措施，减少甚至消除水灾害对人类的影响。实际上，水文系统中的不确定性问题广泛存在，再加上目前处理各种不确定性问题的研究方法还处于探索阶段，使得水文不确定性问题研究成为当今水文科学研究的前沿课题之一。

（2）水文非线性问题

按照系统分析的观点，如果系统的输入与输出关系或者与内部状态变量的联系不满足线性叠加原理，这个系统就是一个非线性系统。对水循环而言，由于天然流域的下垫面十分复杂，坡面沟道交错相间，加之降雨时空变化与流域上洪水非恒定流动的特性，所以水文过程的非线性现象比较普遍，这就促使人们去研究水文系统的非线性问题。

水文系统中的非线性是客观存在的，其变化机理比较复杂（如流域的调蓄关系、洪水波速的变化等），它们在整体上表现为输入与输出的关系（如降雨与径流关系），不符合线性叠加原理这一特点。

关于水文系统非线性问题的研究，不少国内外水文学者给予了高度的重视，并取得了一定的进展。然而，非线性系统固有的复杂性，使得它仍是目前水文学研究的前沿问题之一。

（3）水文尺度问题

水文学的研究对象包括地球水圈范围内所有尺度的水文现象及过程。从这个意义上讲，水文学研究具有不同尺度问题。尺度问题是国际地圈生物圈计划（IGBP）核心项目之一“水循环的生物圈方面”（biospheric aspects of the hydrological cycle，BAHC）中的第四个重点探讨内容，也是国际上关于水文学研究的前沿性课题。原因是水文学研究范围广泛，小到水质点，大到全球气候变化与水循环模拟。水文学的物理方法主要应用在微观尺度，而随着微观尺度向流域和全球的中观或宏观尺度扩展，原来的“理论”模型需要均化和再参数化，并产生新的机理，这使得相邻尺度间的水文联系过于复杂。为了探索水文学规律，我们首先要认识不同尺度的水文规律或特征，然后设法找出它们之间的联系或某种新的过渡规律。达到下一阶段后，水文科学理论或许就能真正建立在普适性的基础上。怎样认识不同尺度的水文规律，如何发现它们之间的联系，除坚持水文科学实践外，还需要正确的科学方法论。

水文学的理论研究与实践表明，不同时间和空间尺度的水文系统规律通常有很大的差异。一个典型的例子是微观尺度水文实验获得的“物理”参数，如土壤饱和含水率，往往不能直接应用在流域尺度的水文模拟中。反过来，宏观尺度的水文气象背景值变化也不能直接套用在时空变异性十分突出的微观水文模拟预报上。目前存在的问题是：①在漫长的演变过程中，选择多大的时间尺度来研究比较合适？②近代人类活动大多需要更高的时间分辨率（即时间尺度较小），那么，如何实现不同时间尺度研究成果之间的衔接？③全球气候变化、区域水文特性变化如何与小单元水文模拟衔接？④大尺度与小尺度研究思路、方法如何协调？诸如此类尺度问题都是人们十分关注的。

从不同空间尺度研究来看，如在模拟全球气候变化所建的模型中（如大气环流模式）所采用的空间尺度是几百千米，甚至更大；在中尺度或更小尺度的水文系统研究中，需要的气候信息的分辨率远比这高。显然，小尺度所需的气候信息在全球气候模型中得不到满足。

再从不同时间尺度研究来看，如以地质年代为时间尺度建立的水文系统气候变化模型，只能为较小时间尺度的气候变化模型提供一个“大背景”，无法提供所需的更详细（即高分辨率）的信息。

以上这些都是人们常说的大尺度向小尺度的转化问题。这种大尺度向小尺度的转化称为“顺尺度”转化，其算法称为“顺尺度算法”。相反，小尺度向大尺度的转化称为“逆尺度”转化，其算法称为“逆尺度算法”。

无论是“顺尺度算法”还是“逆尺度算法”都不是一件容易的事情，这正是目前广受关注的尺度问题的关键所在。现就国际上对这一问题的处理思路概括如下。

在对待“顺尺度”问题上，第一种观点认为，随着计算机技术的发展，计算速度不断加快，计算容量不断加大，可以把大尺度模型的网格尺度减小，以满足小尺度模型的衔接需要。第二种观点主张把尺度较小的网格仅用于重点区域或时段，而对其他区域或时段仍采用较大尺度的网格。第三种观点主张把那些重点区域或时段所建立的小尺度模型嵌套到较大尺度的模型中，实现不同尺度的模型混合计算。虽然这些处理会在一定程度上改善不同尺度之间的复杂运算，但很难完全满足尺度问题处理的需要。

在对待“逆尺度”问题上，也并非小尺度的简单相加，正如“一个活着的动物并不是许多活的器官的叠加”。随着超微观、微观、中微观尺度向中观、宏观、超宏观尺度的扩展，原来的“理论”模型需均化和再参数化，同时会产生新的机理。这就导致不同尺度间关系的复杂性和运算的艰难性。目前，“逆尺度计算”常采用的方法是对较小尺度建立的模型进行均化和再参数化。实际上，均化和再参数化的过程，就是将原系统的部分变量进行空间或时间积分，再用某个均化的特征参数代表。当然，这种方法是建立在一定的物理意义之上的。

尺度问题一直是水文学、地学、遥感学等领域的前沿科学问题，至今还没有很好的解决方法。

（三）现代水文学的特点

从上述水文学的发展历程我们可以看出，现代水文学是在近几十年来由于先进科学技术和理论方法的引入，以及经济社会各项人类活动的深入，不断丰富了水文学而形成的，与传统水文学相比，它具有以下特点。

第一，现代水文学以新技术（如计算机技术、3S 技术等）应用为支撑，在宏观和微观方向得到了深入发展。在宏观上，现代水文学研究全球气候变化、人类活动影响和自然环境变化下的水循环。在微观上，现代水文学研究 SVAT 模型（土壤—植被—大气系统）中水分与热量的交换过程，探讨“水”“四水”（大气水、地表水、土壤水及地下水）或“五水”（大气水、地表水、土壤水、地下水及植被水）的转化规律。此外，现代水文学还十分注重水文尺度问题和水资源可持续利用中水文学基础问题的研究。

第二，现代水文学更加注重水文信息的挖掘。先进技术的引用，使复杂、困难的水文信息获取成为现实，原来不能得到或需要付出很大代价才能得到的水文信息，现在成为可能或变得容易获取，这为深入研究水文学提供了支持。

第三，现代水文学更加深入开展深层次的水文科学基础研究，包括水文极值（如洪水和干旱）问题的认识、预测与减灾，全球冰圈、气候和温室效应的相互作用，冰盖河流水文学，水文与大气交换作用等研究。

第四，现代水文学更加注重人类活动对水循环影响的研究，包括土地利用变化对径流的影响，地表水和地下水水量、水质相互作用的问题，城镇化对地表水和地下水演化的影响，生态水文学研究，对水文学上众多难点问题（如不确定性问题、非线性问题、尺度问题等）开展力所能及的研究。

传统的水文学多侧重于研究自然界水循环的水量方面，多采用水文现象观测、实验等手段，运用传统的数学物理方法来研究，其主要应用于洪水预报、水文水利计算等工程技术方面。但是，随着经济社会的发展，人类对水的需求不断增大，对生活环境的质量要求也越来越高。自然界发生的洪水和干旱等灾害以及人类经济活动造成的水污染和生态系统破坏，对经济社会发展和人类生命财产造成的损失也越来越大。如何解决实际问题中出现的与水有关的各种矛盾，如何实现经济社会的可持续发展，对传统水文学的发展提出了新的挑战。现代水文学就需要针对这些实际问题，重点开展水资源及人类活动水文效应的研究。

总之，现代水文学有别于传统水文学，主要表现在“现代”二字上。它应该是对水文学全新的概念、思路和方法的总结。具体地说，它是以现代新技术（如计算机技术、3S 技术等）应用为支撑，以现代新理论、新方法（如灰色系统理论、人工神经网络、分形几何等）为基础，以研究和解决现代出现的新问题、新要求（如水环境、人类活动影响、水资源短缺、水资源可持续利用等）为动力，对水文学基础理论及应用进行深入的研究。

二、水资源概述

水是生命之源，地球上一切生命活动都起源于水。水资源是人类生产和生活不可缺少的自然资源，也是生物赖以生存的环境资源。随着人口规模与经济规模的急剧增长，人们对水资源的需求量不断增大。同时，人类社会的高度发展对水环境造成了破坏，水资源短缺问题已成为全球性的战略问题。水资源危机的加剧和水环境质量的不断恶化，已成为未来人类可持续发展的主要限制因素之一。因此，针对水资源进行研究，掌握自然环境中水资源的运行、资源化利用、水资源消耗、污染治理及保护等基础科学问题是实现水资源可持续利用的关键。

（一）水资源的概念

人类对水资源的认识经历了很长一段时间，并进行了一系列的研究。目前，学术界对水资源的定义尚未达成一致。各国学者从不同角度对水资源进行了阐述，提出了许多具有重要意义的概念，不断加深了人们对水资源内涵的认识与理解。

1. 水资源的概念

水是自然界最重要的组成部分，是人类及万物生存发展的基础。水资源可以理解为人类长期生存、生活和生产活动中所需要的各种自然水，既包括数量和质量，又包括使用价值和经济价值。水资源可以定义为，地球上目前和近期可供人类直接或间接利用的水量的总称，是人类生产和生活中不可缺少的资源。

水资源的定义有广义和狭义之分。广义的水资源指地球上水的总体。自然界中的水以固态、液态和气态形式，存在于地球表面和地球岩石圈、大气圈和生物圈中。因此，广义的水资源包括：地面水体，指海洋、沼泽、湖泊、冰川等；土壤水及地下水，主要存在于土壤和岩石中；生物水，存在于生物体中；气态水，存在于大气圈中。狭义的水资源指逐年可以恢复和更新的淡水量，即大陆上由大气降水补给的各种地表、地下淡水的动态量，包括河流、湖泊、地下水、土壤水等。在水资源分析与评价中，常利用河川径流量和积极参与水循环的部分地下水作为水资源量。

对于某一个流域或地区而言，水资源的含义则更为具体。在一定范围内，水资源存在两种主要转化途径：一是降水形成地表径流、壤中流和地下径流并构成河川径流；二是以蒸发和散发的形式通过垂直方向回归大气。此外，水资源的定义是随着社会的发展而发展变化的，具有一定的时代性，并且出现了从非常广泛的外延向逐渐明确内涵的方向演变的趋势。由于出发点不同，特定的研究学科都从各自学科角度出发，提出了本学科含义以及研究对象的明确定义。水资源由于自身的特性，具有自然和社会经济方面的属性。

自然属性——水在自然界中天然存在，受自然因素控制，是参与自然界循环与平衡的重要因素。

可利用性——水的类型多，有淡水、微咸水、中咸水、咸水、肥水；水有各种形态，如气、固、液态；水有不同赋存类型，如地下水、地表水等。在自然生态环境和社会经济环境中，水的用途广泛，要求不一。

时变性——是否能成为水资源在很大程度上取决于经济技术条件。今天人们认为不能作为水资源的水随着经济技术的发展，未来也可能成为水资源。

2. 国内对水资源的定义

我国拥有悠久的水资源开发利用历史，在 2 000 多年的实践过程中逐渐形成了具有中国特色的水利科学技术体系，并建设了一系列著名的水利工程，如战国时期李冰主持修建了举世闻名的都江堰工程，科学地解决了江水的自动分流、排沙等水文难题，根治了水患，使川西平原成为“天府之国”。隋代开凿的京杭大运河，是世界上开凿最长的运河，对经济社会的发展发挥了巨大的推动作用，是我国古代水资源开发利用、水利工程建设的杰出代表之一。

陈家琦和钱正英认为，广义的水资源是指在地球的水循环中，可供生态环境和人类社会利用的淡水，它的补给来源是大气降水，它的赋存形式是地表水、地下水和土壤水。他们把水资源对生态环境的效用也理解为水资源的价值，但是对其他要素做了较多的限定。随着经济社会的不断发展，水资源概念的内涵将得到不断发展与丰富。

水资源的概念在中国出现的时间并不久，“水利资源”和“水力资源”的用法较“水资源”早。对水资源定义的不断演化过程，也表明人们在水资源方面的知识和理解是一个不断深化的过程，不同学科对水资源的认识存在差异。

《中国农业百科全书·水利卷》对水资源的定义为“可恢复和更新的淡水量”，并将其详细划分为永久储量和可恢复储量。

永久储量：更替周期长，更新极为缓慢，利用消耗不能超过其恢复能力。可恢复储量：参与全球水文循环最为活跃的动态水量，可逐年更新并在较短时间内保持动态平衡，是人类常利用的水资源。

《中国大百科全书》在不同卷中对水资源给予了不同解释：

在《“大气科学·海洋科学·水文科学卷》中对水资源的定义是地球表层可供人类利用的水，包括水量（质量）、水域和水能。

在《水利卷》中对水资源的定义为自然界中各种形态（气态、液态或固态）的天然水，并把可供人类利用的水作为供评价的水资源。

在《地理卷》中对水资源的定义是地球上目前和近期可供人类直接与间接利用的水资源，是自然资源的一个重要组成部分。随着科学技术的发展，被人类所利用的水逐渐增多。

（1）水资源含义的拓展

随着水资源短缺程度的加剧、水资源开发利用技术的发展、人们开发利用水资源水平的提高以及对水资源认识的不断深化，水资源的含义也在不断拓展。例如，“洪水资源化”“污水资源化”“咸水和海水的利用和淡化”“农业中的土壤水利用”以及“人工增雨（雪）”“雨水集蓄利用”等技术的发展，将进一步拓展水资源的范畴。

（2）水资源量组成

一般认为水资源是指地球上“可供利用”的水，而不是指一切形态的水。可供利用，即水源可靠，数量充足，且可通过自然界水文循环不断更新补充，大气降水为其补给来源。水资源按照其类型可分为海洋水、地下水、土壤水、冰川水、永冻土底冰、湖泊水等。

（二）水资源学的定义、性质及其主要内容

水资源学是在认识水资源特性、研究和解决日益突出的水资源问题的基础上，逐步形成的一门研究水资源形成、转化、运动规律及水资源合理开发利用基础理论并指导水资源业务（如水资源开发、利用、保护、规划、管理）的学科。

水资源学的学科基础是数学、物理学、化学、生物学和地球科学，而气象学、水文学（含水文地质学）则是直接与水资源的形成和时空变化、动态演变有关的专业基础学科，水资源的开发利用则涉及经济学、环境学和管理学。水资源学的发展动力是人类社会生存和发展的需要。水资源学研究的核心是人类社会发展和人类生存环境演变过程中水供需问题的合理解决途径。因此，水资源学带有自然科学、技术科学和社会科学的性质，但主要是技术科学。

水资源学的基本内容包括以下七方面。

1. 全球和区域水资源的概况

这是进行水资源学研究的最基本内容。关于全球水储量和水平衡，20 世纪 70 年代曾由联合国教科文组织在国际水文十年（IHD）计划中进行过分析。自 1977 年联合国水会议号召各国进行本国的水资源评价活动之后，有多数国家进行了此项工作，并取得了一批基础成果。这些成果为了解各国的水资源概况及其基本问题以及世界上的水资源形势提供了依据，也是各国水资源工作的出发点。

2. 水资源评价

水资源评价不仅限于对水文气象资料的系统整理与图表化，还应包括对水资源供需情况的分析和展望等水资源中心问题。各国都在进行水资源评价活动，通过对评价的方向、条件、方法论和范围的经验总结，为指导今后的水资源评价工作提供了科学基础。

3. 水资源规划

水资源规划重点是在对区域水资源的多种功能及特点进行分析的基础上，结合

区域的历史、地理、社会和经济特点提出水资源合理开发利用的原则和方法；在区分水资源规划和水利规划关系的基础上，叙述水资源规划的各类模型，包括结合水质和水环境问题的治理和保护规划，以及结合地区宏观经济和社会发展的水资源规划理论和方法等。

4. 水资源管理

水资源管理包括对水资源的管理原则、体制和法规等，如统一管理和分散管理、统一管理和分级分部门的管理体制的比较等；对不同水源、不同供水目标和包括其他用水要求的合理调度及分配方法、水资源保护和管理模型及专家系统，管理的行政、经济、法规手段的分析等。

5. 水资源决策

水资源决策包括水资源决策和水利决策的关系和配合、水资源决策的条件和决策支持系统的建立、决策风险分析和决策模型等。

6. 水资源与全球变化

水资源与全球变化包括全球变化对水资源影响的分析、水资源的相应变化与水资源供需关系的分析等。

7. 与水资源学有关的交叉学科

由于水资源问题的重要性和社会性，许多独立学科在介入水资源问题时发展了和水资源学的共同交叉学科，如水资源水文学、水资源环境学、水资源经济学等。虽然从本质上讲这些新的交叉学科属于水文学、环境学和经济学，但都是直接为水资源的开发、利用、管理和保护服务的，带有专门性质，也应在水资源学中有所反映，并说明水资源问题的多方位性。

第二节　水文与水资源的特征与研究方法

一、水文与水资源的基本特征

（一）时程变化的必然性和偶然性

水文与水资源的基本规律是指水资源（包括大气水、地表水和地下水等）在某一时段内的状况，它的形成具有客观原因，是一定条件下的必然现象。从人们的认识角度讲，和许多自然现象一样，由于影响因素复杂，人们对水文与水资源发生多种变化的前因后果的认识并非十分清楚，因此，常把这些变化中人类能够解释或预测的部分称为必然性。例如，河流每年的洪水期和枯水期，年际间的丰水年和枯水年；地下水位的变化也具有类似的现象。由于这种必然性在时间上具有年、月甚至日的变化，故又称之为周期性，相应地分别称之为多年期间、月间或季节性周期等。将那些人类还不能解释或难以预测的部分，称为水文现象或水资源的偶然性反映。任何一条河流不同年份的流量过程不会完全一致；地下水位在不同年份的变化也不尽相同，泉水流量的变化有一定差异，这种现象也可称为随机性，其规律要由大量的统计资料或长期系列观测数据分析得出。

（二）地区变化的相似性和特殊性

相似性主要指气候及地理条件相似的流域，其水文与水资源现象具有一定的相似性。如湿润地区河流径流的年内分布较均匀，干旱地区则差异较大；在水资源形成、分布特征方面也具有这种规律。

特殊性是指不同下垫面条件产生不同的水文和水资源的变化规律。例如，同一气候区，山区河流与平原河流的洪水变化特点不同；同为半干旱条件，河谷阶地和黄土高原区地下水赋存规律不同。

（三）水资源的循环性、有限性及分布的不均一性

水是自然界的重要组成物质，是环境中最活跃的要素。它不停地运动且积极参与自然环境中一系列物理的、化学的和生物的运动过程。

水资源与其他固体资源的本质区别在于其具有流动性，它是在水循环中形成的一种动态资源，具有循环性。水循环系统是一个庞大的自然水资源系统，水资源在开采利用后，能够得到大气降水的补给，处在不断开采、补给和消耗、恢复的循环之中，可以不断地供给人类利用和满足生态平衡的需要。

在补充和消耗的过程中，从某种意义上说水资源具有“取之不尽”的特点，恢复性强。可实际上全球淡水资源的蓄存量是十分有限的。全球的淡水资源仅约占全球总水量的 2.5%，且淡水资源大部分储存在极地冰帽和冰川中，真正能够被人类直接利用的淡水资源仅占全球总水量的 0.796%。从水量动态平衡的观点来看，某一期间的水量消耗量要接近该期间的水量补给量，否则将会破坏水平衡，造成一系列不良的环境问题。可见，水循环的过程是无限的，水资源的蓄存量却是有限的，并非取之不尽、用之不竭。

水资源在自然界中具有一定的时间和空间分布性。时空分布的不均匀是水资源的又一特性。全球水资源的分布表现为大洋洲的径流模数为 51.0 L/（s·km^2），而亚洲为 10.5 L/（s·km^2），最高的和最低的相差数倍。

我国水资源在区域上分布不均匀。总的说来，东南多，西北少；沿海多，内陆少；山区多，平原少。在同一地区的不同时间水资源分布差异性也很大，一般夏多冬少。

（四）利用的多样性

水资源是人类在生产和生活活动中广泛利用的资源，不仅广泛应用于农业、工

业和生活中，还用于发电、水运、水产、旅游和环境改造等领域。在各种不同的用途中，有的是消耗用水，有的则是非消耗性或消耗很少的用水，而且对水质的要求各不相同。

此外，水资源与其他矿产资源相比最大的区别是，水资源具有既可造福于人类，又可危害人类生存的双重性。

水资源质、量适宜，且时空分布均匀，将为区域经济发展、自然环境的良性循环和人类社会进步做出巨大贡献。水资源开发利用不当，又会制约国民经济发展，破坏人类的生存环境。例如，水利工程设计不当、管理不善，可造成垮坝事故，也可引起土壤次生盐碱化。水量过多或过少的季节和地区，往往又会产生各种各样的自然灾害。水量过多容易造成洪水泛滥，内涝渍水；水量过少容易形成干旱、盐渍化等自然灾害。适量开采地下水，可为国民经济各部门和居民生活提供水源，满足生产、生活的需求。无节制、不合理地抽取地下水，往往会引起水位持续下降、水质恶化、水量减少、地面沉降等问题，不仅影响生产发展，而且严重威胁人类生存。正是由于水资源利害的双重性质，我们在水资源的开发利用过程中才要尤其强调合理利用、有序开发，以达到兴利除害的目的。

二、水文与水资源学的研究方法

水文现象的研究方法通常可分为三种，即成因分析法、数理统计法和地区综合法。在这些方法的基础上，随着水资源研究的不断深入，要求利用现代化理论和方法识别、模拟水资源系统，规划和管理水资源，保证水资源的合理开发、有效利用，实现优化管理、可持续利用。经过近年来多学科的共同努力，水资源利用和管理的理论和方法取得了明显进展。

（一）水资源模拟与模型化

随着计算机技术的迅速发展以及信息论和系统工程理论在水资源系统研究中的广泛应用，水资源系统的状态与运行模型模拟已成为重要的研究工具。各类确定性、非确定性、综合性的水资源评价和科学管理数学模型的建立与完善，使水资源的信息系统分析、供水工程优化调度、水资源系统的优化管理与规划成为可能。

（二）水资源系统分析

水资源动态变化的多样性和随机性、水资源工程的多目标性和多任务性、河川径流和地下水的相互转化性、水质和水量相互联系的密切性以及水需求的可行方案，必须适应国民经济和社会的发展，它涉及自然、社会、人文、经济等各个方面。因此，在对水资源系统分析过程中，要注重系统分析的整体性和系统性。在多年来的水资源规划过程中，研究者应用线性规划、动态规划、系统分析的理论力图寻求目标方程的优化解。总的来说，水资源系统分析正向分层次、多目标的方向发展与完善。

（三）水资源信息管理系统

为了适应水资源系统分析与系统管理的需要，目前已初步建立了水资源信息分析与管理系统，主要涉及信息查询系统、数据和图形库系统、水资源状况评价系统、水资源管理与优化调度系统等。水资源信息管理系统的建立和运行，提高了水资源研究的层次和水平，加速了水资源合理开发利用和科学管理的进程。水资源信息管理系统已成为水资源研究与管理的重要技术支柱。

（四）水环境研究

人类大规模的经济和社会活动对环境和生态的变化产生了极为深远的影响。环境、生态的变异又反过来引起自然界水资源的变化，部分或全部地改变了原来水资源的变化规律。人们通过对水资源变化规律的研究，寻找这种变化规律与社会发展和经济建设之间的内在关系，以便更加有效地利用水资源，使环境质量向着有利于人类长远利益的方向发展。

第三节　水资源的全球和区域分布

一、世界的水资源概况

地球表面积约 5.1 亿 km^2，水圈内全部水体总储存量达到 13.86 亿 km^3。海洋面积 3.61 亿 km^2，占地球表面积的 70.8%。海洋水量为 13.38 亿 km^3，占地球总储水量的 96.5%。这部分巨大的水体属于高盐量的咸水，除极少量水体被利用（作为冷却水、海水淡化）外，绝大多数是不能被直接利用的。地球上陆地面积为 1.49 亿 km^2，占地球表面积的 29.2%，水量仅有 0.48 亿 km^3，占地球总储水量的 3.5%。就是在陆地上，这样有限的水体也并不全是淡水，淡水量仅有 0.35 亿 km^3，占陆地水储存量的 73%，而且其中的 0.24 亿 km^3 分布于冰川多年积雪、两极和多年冻土中，现有技术条件很难利用。人类可以利用的水只有 0.106 5 亿 km^3，占淡水总量的 30.4%，仅占地球总储水量的 0.796%。

水资源在时空分布上也有很大差异。巴西、俄罗斯、美国、印度尼西亚、加拿大等 9 个国家就占了水资源总量的 60%。在中东、南非等地区水资源贫乏。在时间分配上，降水主要集中于少数丰水月份，而长时间的枯水期则少雨或无降水。无论是空间上还是时间上，水资源分配不均都给水资源利用带来了不便。

随着社会经济的发展和人口数量的增加，世界用水量也在逐年增加。目前世界上还有 11 亿人喝不到安全的饮用水，有 24 亿人缺乏水卫生设施。据联合国预计，到 2025 年，全世界淡水需求量将增加 40%，如果不采取更为有效的措施，世界将有近一半的人口会生活在缺水的地区。水危机严重制约着人类社会的可持续发展。

二、世界各大洲水资源

世界各大洲的自然条件不同，降水和径流的差异也较大。以年降水和年径流的深度计，大洋洲各岛（除澳大利亚外）水量最丰富，多年平均年降水达 2 700 mm，年径流深在 1 500 mm 以上，但大洋洲的澳大利亚却是水量最少的地区，其年降水只有 460 mm，年径流深只有 40 mm，有 2/3 的面积为荒漠和半荒漠。南美洲水量也较丰富，年降水和年径流深均为全球陆面平均值的 2 倍。欧洲、亚洲和北美洲的年降水和年径流深都接近全球陆面的平均值，而非洲大陆则因为有大面积的沙漠，气候炎热，虽年降水接近世界平均值，但年径流深却不及世界平均值的一半。南极洲降水虽然不多，只有全球陆面平均降水的 20%，但全部降水以冰川的形态储存，总储存量相当于全球淡水总量的 62%。

各大洲自然条件不同，经济和社会发展水平差异也很大。南极洲终年冰天雪地，至今除极少数探险家及科学工作站外，渺无人烟。其余各大洲水资源开发程度不同。

严格来说，对全球和各大洲水资源量的估计都是概略的，当前的气象和水文观测水平还不足以控制全球陆面面积上的降水和径流数量。

三、世界各国的水资源

各国所处地理环境不同，历史发展的条件各异，水资源的情况也有很大差别。有不少国家或因工作需要，或为响应联合国水会议的号召，进行过本国范围的水资源评价活动，从而可以提供比较可靠的水资源统计数据。但也有不少国家，特别是发展中国家尚未进行系统的水资源评价工作，有的只能提出比较粗略的数字，或由其他国家技术人员代为估算，有的则提不出任何数字。

尽管不同的研究者对什么是水资源存在不同的看法，但国际上习惯用某个区域内的多年平均河川径流量作为年水资源量，并未把地下水资源量统计在内。在中国，我们还有“水资源总量”这样一种提法，即除河川径流量外，还包括浅层地下水中可以取用、又不与河川径流量重复的那一部分。在其他国家，或因自然条件不同，或没有这个习惯，通常不计算地下水，或另外计算，不与河川径流量放在一起作为水资源量。

为了表明某一区域内水资源的特点，通常采用两个指标，即人均占有水资源量和单位耕地面积占有的水资源量，以说明用水量情况。一般来说，如果河川径流量资源能达到一个合理的量，多年平均值的变化不大，可以比较稳定地使用一段时间；但人均占有水资源量随人口的变化而变化，如果人口变化的速度较快，则这个数字是不稳定的，在表明这个指标时一定要说明其代表年份。耕地面积一般来说也有变化，但其变化和人口变化比起来不是太大。由于各地情况不同，在一年内耕地的复种次数不同，所以该指标对于各国的意义就不一样。

四、我国水资源概况及特点

（一）我国水资源数量

我国多年平均降水总量为 6.2 亿 m^3，折合平均降水 650 mm，低于全球陆面降水的 834 mm 和亚洲陆面降水的 740 mm。全国降水量地区分布极不均匀，分布趋势由东南向西北递减。我国的降水落地后，约有 56% 的水量为陆面蒸发和植物蒸腾所散发，只有 44% 的水量形成地表径流。

我国地表（河川）径流总量为 2.71 万亿 m^3，约占全球年径流总量（47.0 万亿 m^3）的 5.8%，仅次于巴西、加拿大、美国和印度尼西亚，位居第五位。我国浅层地下水平均年资源量约为 8 287.7 亿 m^3，其中山丘区地下水年资源量为 6 762 亿 m^3，平原区为 1 873 亿 m^3，但须扣除其中山区与平原区地下水重复计算的部分（约 348 亿 m^3）。地矿部门统计数字表明，全国山丘区地下水年资源量为 6 743 亿 m^3，平原为 2 503 亿 m^3，山区与平原重复计算量为 530 亿 m^3，因此地下水年资源量为 8 716 亿 m^3。两个统计数字在地下水部分有差异，误差在 5% 左右。从地域上看，适宜地下水开发的大平原多集中于北方，加上北方地区地表径流短缺，仅占全国地面径流的 17%，所以形成北方地区大量开采地下水资源的格局。

全国水资源总量为地表径流与地下水资源量的和。根据水利部水文局资料，全国水资源总量为 28 124.4 亿 m^3。按地矿部门统计，地下水资源量略有不同，在国家没有新的资料公布前，可以作为参考。

（二）我国水资源特征

1. 空间分布特征

（1）降水、河流分布的不均匀性

我国水资源空间分布的特征主要表现为：降水和河川径流的地区分布不均匀，水土资源组合很不平衡。一个地区水资源的丰富程度主要取决于该地区降水量的多寡。根据降水量空间的丰度和径流深度可将全国地域分为五个不同水量级的径流地带。上述径流地带的分布受降水、地形、植被、土壤和地质等多种因素的影响，其中降水影响是主要的。我国东南部属丰水带和多水带，西北部属少水带和缺水带，中间部分及东北地区则属过渡带。

我国是多河流分布的国家，流域面积在 100 km^2 以上的河流有 1 500 条。在数万条河流中，年径流量大于 7.0 km^3 的大河流有 26 条。我国河流的主要径流量分布在东南和中南地区，与降水量的分布具有高度的一致性，说明河流径流量与降水量之间的密切关系。

（2）地下水资源分布的不均匀性

我国是一个地域辽阔、地形复杂、多山分布的国家，山区（包括山地、高原和丘陵）约占全国面积的 69%，平原和盆地约占 31%。地形特点是西高东低，山脉纵横交织，构成了我国地形的基本骨架。北方分布的大型平原和盆地成为地下水储存的良好场所。东西向排列的昆仑山—秦岭山脉，成为我国南北方的分界线，对地下水资源量的区域分布产生了深刻影响。

另外，我国年降水量由东南向西北递减所造成的东部地区湿润多雨、西北部地区干旱少雨的降水分布特征，对地下水资源的分布起到重要的控制作用。地形、降水分布的地域差异性，使我国不仅在地表水资源上表现为南多北少的局面，而且地下水资源也具有南方丰富、北方贫乏的特征。南、北地区在地下水资源量上的差异是十分明显的。

我国地下水资源量总的分布特点是南方高于北方，地下水资源的丰富程度由东南向西北逐渐减少。另外，由于我国各地区之间社会经济发达程度不一，各地人口密集程度、耕地发展情况均不相同，因此不同地区人均、单位耕地面积所占有的地下水资源量具有较大的差别。

2. 时间分布特征

我国的水资源不仅在地域上分布很不均匀，而且在时间分配上也很不均匀，无论年际或年内分配都是如此。我国大部分地区受季风影响明显，降水年内分配不均匀，年际变化大，枯水年和丰水年连续发生。

我国最大年降水量与最小年降水量之间相差悬殊。我国南部地区最大年降水量一般是最小年降水量的 2 ~ 4 倍，北部地区则达 3 ~ 6 倍。

降水量的年内分配也很不均匀。例如北京市 6—9 月的降水量占全年降水量的 80%，而欧洲国家全年的降水量变化不大，这进一步反映出与欧洲国家相比，我国降水量年内分配的极不均匀性以及水资源合理开发利用的难度，充分说明我国地表水和地下水资源统一管理、联合调度的重要性和迫切性。

正是由于水资源在地域上和时间上分配不均匀，造成有些地方或某一时间内水资源富余，而另一些地方或时间内水资源贫乏的局面。因此，在水资源开发利用、管理与规划中，水资源的时空再分配将成为克服我国水资源分布不均、灾害频繁，实现水资源最大限度有效利用的关键内容之一。

第二章 水循环及径流形成

第一节 水循环过程与原理

水循环是地球上一个重要的自然过程，它通过降水、截留、入渗、蒸散发、地表径流、地下径流等各个环节将大气圈、水圈、岩石圈和生物圈相互联系起来，并在它们之间进行水量和能量的交换。正是由于水循环运动，大气降水、地表水、土壤水、地下水之间才能相互转化，形成不断更新的统一系统。也正是由于水循环作用，水资源才能够成为可再生资源，被人类及一切生物可持续利用。

一、水循环过程

（一）自然界的水循环

水循环是指地球上的水在太阳辐射和地心引力等作用下，以蒸发、降水和径流等方式进行周而复始的运动过程。自然界的水循环是连接大气圈、水圈、岩石圈和生物圈的纽带，是影响自然环境演变的最活跃因素，是地球上淡水资源的获取途径。全球水循环时刻都在进行着，它发生的领域有海洋与陆地之间、陆地与陆地上空之间、海洋与海洋上空之间。

1. 海陆间水循环

海陆间水循环是指海洋水与陆地水之间通过一系列的过程所进行的相互转化。具体过程是：广阔海洋表面的水经过蒸发变成水汽，水汽上升到空中随着气流运动，被输送到大陆上空，其中一部分水汽在适当的条件下凝结，形成降水。降落到地面的水，一部分沿地面流动形成地表径流；一部分渗入地下，形成地下径流。二者经过江河汇集，最后又回到海洋。这种海陆间的水循环又称大循环。通过这种循环运动，陆地上的水不断得到补充，水资源得以再生。

2. 内陆水循环

降落到大陆上的水，其中一部分或全部（指内流区域）通过陆面、水面蒸发和植物蒸腾形成水汽，被气流带到上空。冷却凝结形成降水，仍降落到大陆上，这就是内陆水循环。由内陆水循环运动而补给陆面上水体的水量为数很少。

3. 海上内循环

海上内循环就是海洋面上的水蒸发成水汽，进入大气后在海洋上空凝结，形成降水，又降到海面。

4. 水循环周期

据计算，大气中的水汽平均每年转化成降水 44 次，也就是大气中的水汽平均每 8 天多循环更新一次。全球的河水每年转化为径流 22 次，亦即河水平均每 16 天更新一次，水是一种全球性的不断更新的资源，具有可再生的特点。但是在一定的空间和时间范围内，水资源又是有限的。如果人类取用水量超过更新数量，就会造成水资源枯竭。

（二）人类社会的水循环

水是人类生存和经济社会发展的重要基础资源。人类活动的加强，如水利工程的兴建和都市化的发展，极大地改变了天然水循环的降水、蒸发、入渗、产流、汇流等过程。人类取用水和排水过程已经严重影响（或干扰）到自然界的水循环，许多流域在天然降水并未减少的情况下出现了河道断流、湖泊干涸、地下水枯竭等问题。这些问题说明在流域尺度的水循环研究中已经不能忽略经济—社会系统对水循环过程的干扰作用和影响。为此，一些学者提出“人工侧支水循环”、流域“天然—人工”二元水循环模式、“水的社会循环”以及“社会水循环”等概念。

人类社会的水循环是指人类在经济社会活动中不断地取水、用水和排水而产生的人为水循环过程。严格地讲，它是依附于自然水循环的一个组成部分，或者是一个环节、分支（如同降水、蒸发、下渗等环节），而不是一个独立的水循环过程。它主要包括人类从自然界的取水过程、用水过程和向自然界的排水过程。水的自然循环和社会循环是交织在一起的，水的社会循环依赖于自然循环而存在，同时又严重干扰自然界的水循环。从“天人合一”和“人与自然协调发展”的角度，我们应当将水循环研究纳入“天然—人工”这个更为完整的水循环体系。

二、水循环原理

水循环是自然地理环境中最主要的物质循环，它使地球上的水圈成为一个动态系统，并深刻影响着全球的气候、自然地理环境的形成和生态系统的演化。形成水循环的内因是水的物理特性，即水的三态（固、液、气）转化，它使水分的转移与交换成为可能；外因是太阳辐射和地心引力。其中，太阳辐射是水循环的原动力，它能够促使冰雪融化、水分蒸发、空气流动等。地心引力能保持地球的水分不向宇宙空间散逸，使凝结的水滴冰晶得以降落到地表，并使地面和地下的水由高处向低处流动。在水循环的各个环节中，水分运动始终遵循物理学的质量和能量守恒定律，表现为水量平衡原理和能量平衡原理。这两大原理是水文学的理论基石，也是我们研究水问题的重要理论工具。

（一）水量平衡原理

水量平衡是指在任一时段内研究区域的输入与输出水量之差等于该区域储水量的变化值。水量平衡研究的对象可以是全球某区（流）域或某单元的水体（如河段、湖泊、沼泽、海洋等）。研究的时段可以是分钟、小时、日、月、年或更长的尺度。水量平衡原理是物理学中“物质不灭定律”的一种表现形式。

1. 全球储水量

地球的总储水量约 13.86 亿 km^3，其中海水约 13.38 亿 km^3，占全球总水量的 96.5%。余下的水量中地表水占 1.78%，地下水占 1.69%。

人类可利用的淡水量主要通过海洋蒸发和水循环而产生，仅占全球总储水量的 2.53%。淡水中只有少部分分布在湖泊、河流、土壤和浅层地下水中，大部分则以冰川、永久积雪和多年冻土的形式存储。其中，冰川储水量约占世界淡水总量的 69%，大部分都存储在南极和格陵兰地区。

2. 水量变化规律

地球上的水时时刻刻都在循环运动。在相当长的水循环中，地球表面的蒸发量同返回地球表面的降水量相等，两者处于相对平衡状态，总水量没有太大变化。但是，对某一地区来说，水量的年际变化往往很明显，河川的丰水年、枯水年常常交替出现。降水量的时空差异性导致了区域水量分布极其不均。

在水循环和水资源转化过程中，水量平衡是一个至关重要的基本规律。根据水量平衡原理，某个地区在某一段时间内，水量收入和支出差额等于该地区储水量的变化量。

利用水量平衡原理，便可以改变水的时间和空间分布，化水害为水利。目前，人类活动对水循环的影响主要表现在调节径流和增加降水等方面。通过修建水库等拦蓄洪水，可以增加枯水径流；通过跨流域调水可以平衡地区间水量分布的差异；通过植树造林等能增加入渗，调节径流，加大蒸发，在一定程度上可调节气候，增加降水。人工降雨、人工消雹和人工消雾等活动则直接影响水汽的运移途径和降水过程，能够通过改变局部水循环来达到防灾抗灾的目的。当然，如果忽视了水循环的自然规律，不恰当地改变水的时间和空间分布，如大面积地排干湖泊、过度引用河水和抽取地下水等，就会造成湖泊干涸、河道断流、地下水位下降等负面影响，导致水资源枯竭，给人类的生产和生活带来严重的后果。因此，了解水量平衡原理对合理利用自然界的水资源是十分重要的。

（二）能量平衡原理

能量守恒定律是水循环运动所遵循的另一个基本规律，水分的三态转换和运移时刻伴随能量的转换和输送。对于水循环系统而言，它是一个开放的能量系统，与外界进行着能量的输入和输出。大气传送的潜热（水汽）作为一条联系全球能量平衡的纽带，贯穿于整个水循环过程中。

1. 地球的辐射平衡

太阳辐射是水循环的原动力,也是整个地球—大气系统的外部能源。射入地球的太阳辐射量，其中有 30% 仍以短波辐射形式被大气和地表反射回太空，余下有 19% 被大气吸收，51% 在地球表面被吸收。由于地球是近乎热平衡的（无长期净增热），被吸收的太阳辐射有 70% 最终会以长波辐射的形式被再度辐射回太空。在返回太空之前，这部分能量在地表与大气之间经过了复杂的再循环，这种再循环包括辐射能、感热通量（接触和对流输热）和潜热通量（水分蒸发吸热）。

2. 热量传送

地球上的太阳能除了很少一部分供植物光合作用的需要外，约有 23% 消耗于海洋表面和陆地表面的蒸发上。水分不仅能从水面和陆地表层蒸发，而且也能通过植物叶面的蒸腾作用进入大气中。大气中的水遇冷则凝结成雨雪等，又落回地表。当水汽凝结时，这些能量又重新释放出来。对于整个地球—大气系统来说，由于纬度不同和海陆分布不同，不同地区所接收到的太阳辐射有很大差异。就全年平均情况看，大约从北纬 40° 到南纬 30° 是一个广大的过剩辐射区域，而两个极地周围的高纬度地区是辐射亏损区。海陆之间在不同的季节有不同的亏损和盈余。只有当能量从盈余的地区向亏空的地区输送后，才能达到全球的能量平衡，这种能量输送主要靠水循环过程来完成。水在海洋中能够形成洋流，水又能够以气液相变的形式大量地储存和输送能量。根据计算，在低纬度地区洋流的经向输送作用比较强，而在副热带高压靠极地一侧的潜热向极地输送很强，在这里大气向极地的热量输送达到最大值。这种能量输送保持了全球的能量平衡，使得辐射的亏空区不至于太冷、辐射的过剩区不至于太热，为生物提供了一种适宜的生存环境。

长期以来，水循环这个开放的自然系统，达到了能量与物质的转换和输送的动态平衡，保证了整个系统平均活动的均衡性，也保持了地球上生物生存环境的长期稳定。

三、水循环研究进展

水循环深刻地影响全球水资源系统和生态系统的结构和演变，影响自然界中一系列的物理过程、化学过程和生物过程，影响人类社会的发展和生产活动。自然环境和社会环境的变化反过来又影响水循环。水循环研究旨在提出精确评估水循环、水资源、水环境对全球变化和人类活动的响应模式，为国家的水资源管理、环境战略和区域开发提供理论决策依据。

（一）水循环国际研究计划

近年来，涉及水循环的一系列全球性研究计划相继提出，如世界气候计划、环球大气计划、国际地球物理年、国际水文计划、国际生态计划、国际岩石圈计划、人与生物圈计划、全球环境变化的人文科学研究计划、国际地圈与生物圈计划、国际减灾十年等。各种计划的交叉与联系，更加丰富了“人与水”关系的研究内容，促进了人们对人地关系、人水关系的理解。下面仅介绍与水循环研究关系密切的两个大型国际计划。

1. IGBP 的“水循环的生物圈方面”（BAHC）核心计划

全球变化是当今地球科学研究的热点和难题，而水循环在地圈、生物圈、大气圈的相互作用中占有显著地位。1994 年后，国际地圈生物圈计划（IGBP）开始了它的核心项目“水循环的生物圈方面”（BAHC）的研究工作。这是一项专门侧重水文学与地圈、生物圈和全球变化的交互作用研究，不仅具有重大的科学意义，而且对经济社会可持续发展、资源可持续利用和环境保护方面有重要的应用价值。

BAHC 探索的主要问题是植被如何作用于水循环的物理过程。具体而言，它研究水循环的生物控制和它们在气候、水文和环境方面的重要性；改进人们对水、碳和能量在土壤—植被—大气界面交换的认识；评价那些由于气候和其他变化而导致的陆面性质的改变；这些变化又影响不同尺度生物圈、大气圈、水圈和地圈的交互作用；估计植物群落与淡水生态系统在陆面和大气之间碳、水、能量和其他物质中的作用；改进模拟不同尺度（从微观到 1 ~ 50 km）过程的能力；研制易理解和简化的生态水文模型；提供改进的参数估计技术，使它能在世界范围内应用和利用生态系统土壤和遥感的各种数据库信息；模拟气候变化及影响；等等。

进入 21 世纪，水资源短缺已成为影响国家粮食安全、社会稳定的重要因素。全球碳循环、水循环以及食物纤维已成为 IGBP 的三个关键联合项目。水成为联系上（全球变化）下（生物圈）的核心纽带，而这恰恰是 BAHC 的主要研究任务。根据 21 世纪 IGBP 的发展方向，BAHC 也相应地进行了调整，主要有以下十个具体任务：①小尺度水、热、CO_2 通量研究；②地下水过程作用的评价；③地、气相互作用的参数化；④区域尺度上的土地利用与气候的相互作用；⑤全球尺度上的植被与气候的相互作用；⑥气候变化和人类活动对流域系统稳定与传输的影响；⑦山区水文与生态；⑧开发全球数据库；⑨设计、优选和实施综合的陆地系统实验；⑩发展与风险 / 脆弱性的情景分析。

2. WCRP 的“全球能量与水循环实验”（GEWEX）计划

1990 年以后，世界气候研究计划（WCRP）开展了“全球能量与水循环实验”（GEWEX）计划。这是与 BAHC 计划相对应的国际研究计划，WCRP 与 IGBP 都是在 20 世纪 90 年代兴起的、具有前沿性的水循环研究。与 BAHC 不同，GEWEX 是大尺度的，从全球气候的角度出发研究水循环。BAHC则更多地从生态学的角度来研究水循环。因此，两个计划并不相悖，可以互补。GEWEX研究经历了1991—1993年的准备阶段，于1994年开始实施研究活动，其主要内容是GEWEX的大尺度水文研究，总的项目名称为“GCIP”，即GEWEX大陆尺度国际研究。

GEWEX研究计划中的陆地水循环观测是核心问题。该计划主要致力于以下活动：改进物理过程的参数化方案，进行陆面过程、云、边界层的研究。水循环研究的基本内容是陆地水资源的收支问题，研究动向包括两个方面。一是研究和定量描述各种物理、化学和生物成分与过程在广泛的时间和空间尺度上的相互作用。二是研究人类对陆地水循环的影响作用，可分为：①人类活动对水循环系统的改变，包括水系的改变和干扰，如大坝的建造、重大水利工程和土地利用；②人类活动对土地覆盖的改变，并由此所引起的气候变化和下垫面因素的改变。

（二）水循环国际研究进展

近年来，一系列国际研究计划的实施，使水循环研究取得了很大的进展。

1. 中小尺度水循环研究

中小尺度水循环的研究范围一般小于200 km^2，主要研究水、热通量从大气进入不同植物、积雪场、土壤和水体后的迁移机理，不同植物、积雪场、土壤和水体的蒸发、蒸腾机理；在全球范围内了解各种土壤、植被和积雪冰川对水的传输机理。这一研究从植被的小范围水循环研究发展到大气环流模式网格单元时空尺度上的土壤—植被—大气系统中能量和水的通用模式（SVAT）研究。

具有代表性的研究成果是农业水循环模拟模型（agricultural catchments research unit，ACRU），它是一个多用途的具有物理概念的确定性模型。ACRU计算时间步长为天，空间上把土壤分为多层，进行水量平衡计算。模型模拟的单个内部状态变量（如土壤湿度）及最终结果输出（如径流量或沉积物产量）已经在非洲、欧洲和美洲的不同土地利用状态下的实验场所和流域得到广泛证实。

2. 中尺度水循环研究

中尺度水循环研究范围为200 ~ 2 000 km^2，主要利用遥感技术研究“植被—水的可利用性—蒸散发—气候”之间的关系，观测气象和气候的变化，比较研究区域之间的气候差异；利用大气环流模式研究水循环对下垫面变化的响应，修正大气环流模式，预测区域环境变化、区域开发对水循环的影响。

目前的观测研究表明，在200 ~ 2 000 km^{2}尺度上地表的非均一性能形成强烈的大气对流。区域尺度上植被叶面的季节性变化对全球尺度的温度和降水特别是在高纬度地区影响很大。地面蒸发的改变将引起降水的改变。

3. 大尺度水循环研究

大尺度水循环研究主要关注大气圈—水圈—生物圈—冰雪圈—岩石圈—社会圈水循环的综合影响问题，其研究重点是陆面与气候相互作用、水文学过程与生物圈过程的气候强迫、陆面反馈机理的研究以及水文尺度问题。大尺度水循环研究利用遥感技术、世界气象观测网来研究水循环状况，预测水循环变化趋势；模拟全球水循环及其对大气、海洋和陆面的影响；利用可观测到的大气与陆面特征的全球观测值确定水量循环和能量循环。

与传统的由微观向宏观的途径相反，大尺度水循环研究采取从宏观到微观的方法，把大流域分成若干子流域，子流域根据需要可以进一步细分。子流域水循环过程的描述可以采用基于统计特性的概念性模型，不必追求物理模型。如果统计描述合理，概念模型比物理模型具有更大的应用空间尺度范围。

长期以来，各国在区域开发、土地利用、土地覆盖、流域管理、环境保护等方面开展了大量的研究与实践，而这些研究与实践的科学前沿问题是水循环与人类社会的相互作用。以南非为例，土地利用与气候变化的关系，在水循环研究方面有八个科学问题：①水循环小波动被气候波动放大；②水循环对土地利用的响应是高度敏感的；③水循环对局地尺度上土地利用的突然变化比对区域尺度上土地利用的缓慢变化更敏感；④频繁的土地利用变化加剧了不稳定流状态；⑤详细的空间信息在评价水文对土地利用的反应方面是至关重要的；⑥水循环系统的各种要素对气候变化的响应差别很大；⑦对发展中国家来说，季节间的气候变化比十年尺度更重要；⑧对区域来说，存在水循环敏感的地区。

第二节　河流与流域

海陆间的水循环会产生源源不断的地表水。地表水在重力作用下，沿着陆地表面上的曲线形凹地流动，依其大小可分为江、河、溪、沟等，其间并无精确分界，统称为河流。河流是气象、地形、地质三种因素相互作用的产物，它是水循环的一条主要路径。在地球上的各种水体中，河流的水面面积和水量最小，但它和人类的关系最密切。河流是重要的自然资源，在灌溉、航运、发电、城市及工矿企业供水以及养殖等方面都发挥着巨大的作用。但是，河流也会给人们造成洪涝等灾害。

一、河流特征

流动的水体与容纳流水的河槽是构成河流的两个要素。流动的水体是指径流和沙流，沙流又称固体径流，它是地表和河谷内被径流侵蚀的岩石与土壤被水流挟泻集聚到河道内形成的。行水的河槽又称河床，具有立体概念，当仅指平面位置时可称为河道。枯水期水流所占的河床称为基本河床或主槽；汛期洪水所及部位，称为洪水河床或滩地。从更大范围讲，凡地形低洼可以排泄流水的谷地都称为河谷，河槽就是被水流占据的河谷底部。水流对于河谷的侵蚀、搬移及沉积作用不断地进行着，一定的河谷形状又决定相应的水流性质。因此，在一定的气候和地质条件下，河谷形状和水流性质是互为因果的。

（一）河流分段

河流按其流经地区的地形、地质特性，以及所引起的水动力特性可分为河源、上游、中游、下游及河口。各段均具有不同的特征。

河源是河流的发源部分，坡降陡，流速大，具有强烈侵蚀河谷的能力。河源段的断面一般甚为狭窄，沿河道多瀑布、水流湍急，且常有巨大石块停积河底并露出水面。河源可以是泉水、溪涧、沼泽、湖泊或冰川。上游是指高原或丘陵地区的河道，直接连着河源，其特点是落差大、水流急、下切力强、两岸陡峻，为峡谷地形。中游是指从高原进入丘陵区的河道，其特点是河面加宽，坡降较上游为缓，河床比较稳定，并有滩地出现。下游是指进入平原的河道，其特点是坡降极缓，河槽甚为宽浅，水流慢，泥沙淤积，河曲发育。河口是河流的终点，也是河流汇入海洋、湖泊或其他河流的地方。自河源到河口的距离称为河长，可在适当比例尺的地形图上量出。

（二）河流的断面

河流的断面分横断面与纵断面两种。横断面是指与水流方向相垂直的断面，两边以河岸为界，下面以河底为界，上界是水面线，它是计算流量的重要因素。

纵断面是指沿河流中线或溪线的剖面，用测量方法测出该线上若干河底地形变化点的高程，以河长为横坐标、高程为纵坐标，可绘出河流的纵断面图。它表示河流纵坡与落差的沿程分布，是推算河流水能蕴藏量的主要依据。

（三）河道纵比降

河段两端的河底高程差叫落差。单位河长的落差称为河道纵比降，比降常用小数表示，也可用千分数表示。

（四）水系、河网

直接注入海洋或内陆湖泊的河流叫干流。直接流入干流的支流叫干流的一级支流，直接注入一级支流的则称为干流的二级支流，其余依此类推。例如，黄河就是一条干流，而渭河是黄河的一级支流，石头河是黄河的二级支流，是渭河的一级支流。应当指出的是，支流的级别是相对的，而非绝对的。河流的干流及全部支流构成脉络相通的系统，称为水系，又称河系或河网，与水系相通的湖泊也属于水系之内。根据水系干支分布形态，水系可分为四种类型：水系如扇骨状分布的称为扇形水系；如羽毛状的称羽状水系；几个曲折而近乎平行的支流至河口附近开始汇合的称为平行状水系；大河流大多包括上述两种或三种混合排列，称为混合水系。

（五）河网密度

河网密度是指流域或一定地区平均单位面积内的河流总长度，单位为 km/km^2，它表示一个地区河网的疏密程度，能综合反映一个地区的自然地理条件。河网密度也是流域中地表径流量大小的标志之一。

二、流域特征

河流出口断面的地表水和地下水的集水区域称为该河流的流域。

（一）分水线

分水线又称分水岭，是相邻流域的界线，降落在分水线两边的降水将分别汇集到两个流域。例如，秦岭便是黄河与长江的分水线，降落在秦岭以南的降水形成长江的径流，而降落在秦岭以北的降水则形成黄河的径流。分水线是一个流域的边界线，可在地形图中勾绘出来。

汇集到河流中的径流既有地面径流又有地下径流，由于水文地质条件和地貌特征的影响，地面分水线和地下分水线可能不一致。地面分水线和地下分水线一致的流域，称为闭合流域，而地面分水线和地下分水线不一致的流域称为非闭合流域。

（二）流域的几何特征

流域的几何特征包括流域面积、流域长度和宽度及流域形状系数等。流域面积是指河流出口断面集水区域的面积，而河流某断面处的集水区域的面积称为该断面的集水面积。流域某断面处的集水面积，可在适当比例尺的地形图上先勾绘出其集水区域，再用求积仪或数方格的方法求出。流域长度是指从河口起通过横断该流域的若干割线的中点而达流域最远点的连线长度。具体测定时，以河口为中心作同心圆，在同心圆与流域分水线相交处绘制许多割线，将割线的中点连接成折线，测量折线的总长即为流域长度。流域平均宽度用流域面积除以流域长度而得。流域形状系数是流域平均宽度与流域长度之比值。

（三）流域的自然地理特征

流域的自然地理特征是指流域的地理位置（经纬度）、地形、气候、植被、土壤及地质、湖泊率与沼泽率等。除气候外，其他因素合称为流域的下垫面因素。

流域的地理位置是指流域所处的地理坐标、流域离海洋的距离及其与别的流域、山岭的相对位置。流域的地形特性包括流域平均高度及平均坡降等，它是决定河流水量、水情及其他水文情势的因素之一。气候条件主要包括降水、蒸发、温度、湿度和风等，径流情势主要取决于降水特征，而降水特征又与其他因素有密切联系。植被情况通常用植被率（植被面积占流域面积的百分比）表示，它的大小对流域径流的形成过程及径流量的大小具有一定的影响。此外，植物的类别、分布位置及密集度也对径流有影响。湖泊能调节河流流量，使其趋于均匀，也能积蓄雨水和冰雪融水，它又是天然的沉沙池，所以它对于河流的水情也有一定影响。

第三节　降水及其特征

大气中的水汽以液态或固态形式到达地面，称为降水。降水的主要形式是降雨和降雪，其他形式有雹、露、霜等。降水是水文循环的重要环节，是陆地上各种水体的直接或间接的补给源。因此，降水量与降水特征对各水体的水文特征和水文规律具有决定性的作用。降水现象是水文学和气象学共同研究的对象。

一、降水成因及其分类

（一）降水成因

大气中的水分是从海洋、河流、湖泊、潮湿土壤和植物等表面蒸发而来的。水汽进入大气以后，由于它本身的分子扩散和气流的传递而分散于大气之中。空气中的水汽含量有一定的限度。在一定湿度下，空气中最大的水汽含量称为饱和湿度。如果空气中的水汽量达到饱和湿度，就说明空气达到了饱和状态，这时空气里的水汽就开始凝结；如果水汽量超过饱和湿度，就说明空气达到过饱和状态。水汽在过饱和状态下是不稳定的，多余的水汽很容易凝结成水。如果凝结现象发生在地面，则成为露和霜；如果发生在地面附近的空气中则成为雾；如果发生在高空中则成为云。由于水汽的继续凝结，云粒的相互碰撞合并，以及过冷水滴向冰晶转移等，云中的水滴或冰晶不断增大，直到不能为上升气流所顶托时，在重力作用下就形成雨、雪、雹。

空气达到饱和的原因是空气温度下降，致使空气的饱和温度下降，若气温降至其露点温度以下时，空气就处于饱和或过饱和状态。可见，空气冷却是形成降水的主要条件。较大范围气团的温度下降，是当这一气团受外力作用而绝热上升时发生的。低层的湿热空气受外力作用而上升，进入更高的大气层。那里的气压低，所以热空气要膨胀。当没有外界热量供给这团空气时，体积膨胀必然导致气团温度下降，这称为动力冷却。

由此可见，气流上升产生动力冷却而凝结，是形成降水的先决条件，而水汽含量的大小及动力冷却的程度，则决定降水量和降水强度的大小。

（二）降水类型

根据气流上升冷却原因的不同，可把降水划分为以下四种类型。

1. 气旋雨

由气旋或低压过境而产生的雨称为气旋雨，包括锋面雨和非锋面雨两种。非锋面雨是由气旋向低压区辐合而引起的气流上升所致。锋面雨又分为冷锋雨和暖锋雨。冷、暖气团相遇的交界面叫锋面。当冷气团向暖气团推进时，比重较大的冷气团楔进暖气团的下方，暖气团则沿锋面爬升到冷气团的上方，因上升冷却凝结降雨，称为冷锋雨。由于冷锋锋面接近地面部分坡度很大，暖空气几乎垂直上升，故在冷锋前形成巨大的积雨云。冷锋雨的特点是强度大、历时短，雨区面积小。

当暖气团向冷气团移动时，暖空气由于比重小，所以会沿着锋面在冷气团上滑行，从而形成云系，并产生降雨。暖锋面较平缓，上升冷却较慢，所以暖锋雨的特点是强度小、历时长，雨区面积大。我国大部分地区在温带，属南北气流交接地区，锋面雨较多，各地全年锋面雨都在 60% 以上，华中和华北地区则超过 80%，锋面雨是我国大多数河流洪水的主要水源。

2. 对流雨

夏季当暖湿气团笼罩一个地区时，地面局部地区受热增温，下层空气膨胀上升，与上层冷空气产生热力对流，暖空气在上升的过程中冷却凝结而形成的降雨，称为对流雨。对流雨多发生在夏季酷热的午后，特点是强度大、历时短，降水面积小，常伴有雷电，故又称为雷阵雨。

3. 地形雨

运动的暖湿气团遇到较高大的山岭障碍时，沿山坡上升，冷却而形成的降水叫地形雨。地形雨主要降落在迎风面的山坡上，背风坡雨量较少。例如，我国的秦岭山脉南北坡、南岭山地的南北坡，年雨量和月雨量均有比较明显的差异。南岭南坡的 7 月降雨量约为北坡降雨量的 2 倍，这是因为夏季季风来自南方，南坡为迎风坡；相反，当冬季季风来自北方时，北坡又为迎风坡，又造成北坡雨量大于南坡雨量的现象。

4. 台风雨

台风又叫热带风暴。当台风登陆后，将强大的海洋湿热气团带到大陆，造成狂风暴雨。我国东南沿海诸省，如广东、海南、福建、浙江等，由台风造成的雨量占全年总雨量的 20% ~ 30%。发生台风雨时，一日暴雨可达数百毫米，易造成大洪水和洪灾。

二、影响降水的因素

研究影响降水的因素对掌握降水特性、判断资料的合理性、分析不同地区河流径流的情势及洪水特点都具有重要意义。

（一）地理位置的影响

一般来说，低纬度地区由于空气中水汽含量大，故降水多。地球上降水分布趋势是由赤道向两极递减的。

沿海地区雨量充沛，愈向内地，雨量愈少。例如华北地区因距热带海洋气团源地较远，降水量较华南少。

（二）气旋、台风途经的影响

气旋于春夏之间东移，易造成我国江淮地区的持续阴雨——梅雨天气。7—8 月锋面北移，使得华北地区雨量增大。

台风对东南沿海诸省的降水影响较大，影响我国的台风多数从广东、福建、浙江等省登陆。台风登陆后，有的绕向北上，在江苏北部或山东沿海再进入东海，有的可深入华中内陆地区，减弱后变为低气压。台风经常登陆或经过的地方，容易形成暴雨或大雨。

（三）地形的影响

山地地形有强迫抬升气流的作用，从而使降水量有随高程增加的趋势，降水增加的程度，取决于水汽的含量。

通过水文研究所对我国部分地区的平均年降水量与地面高程关系的分析可知，各地方降水随高程的增率（每升高 100 m，年降水量的增加量）是不相同的。海南、广东、福建、浙江等省若干山地高雨区，就是由山地抬升作用所造成的。西北内陆地区，由于水汽含量少，即使有山地抬升，降水随高程的增加也不显著。

山地抬升作用与坡度有关，坡度愈陡，降水率愈大，但当高程达到某一高度后，降水量即达到最大值，不再随之增加。在山顶，气流又变得通畅，阻拦作用减弱，降水量有减小的趋势。山脉的缺口和海峡是气流的通道，由于这些地方对气流有加速作用，水汽难以停留，降水机会少。例如，台湾海峡、琼州海峡两侧，降水量就少很多。阴山山脉和贺兰山脉之间的缺口，使鄂尔多斯和陕北高原的降水量减少。

（四）森林和水面的影响

森林可减缓气流运动的速度，使潮湿空气积聚，有利于降水。海面和湖面上空，由于气流阻力小而使气流加速前进，减少了降水的机会。温暖季节，水面上空有逆温现象，使气团不易上升，也不易降水。海洋暖流所经之处，由于地面的空气团不稳定，则易降水。

三、降水的基本要素

（一）降水量

降水量是指在一定时段内降落在某一面积上的总水量，如日降水量是在 1 天之内降落在某区域面积上的总水量；次降水量是指某次降水开始到结束时连续一次降水的总量。降水量可以用体积（m^3）来表示，但通常以深度（mm）为单位，意即在一定时段内降落在单位水平面积上的水深。各种水文资料中所指的降水量，除特别指明外，均指降水深度。

（二）降水历时和降水时间

降水历时是指一次降水过程所经历的时间。降水时间是指对应于某一降水量而言的时间长短，某一时间内降水若干毫米，此时间即为该若干毫米降雨的降水时间。为了便于比较各地的降水量，应指定一定时段的降水量做标准，如最大 1 天降水量、最大 3 天降水量等，这里 1 天、3 天即为降水时间。在降水时间内，降水并不一定连续。

（三）降水强度

降水强度是指单位时间内的降水量，以 mm/min 或 mm/h 计。

（四）降水面积

降水面积是指某次降水所笼罩的水平面积，以 km^2 计。

四、降水的时空分布特征表示方法

（一）降水量过程线

以时段降水量为纵坐标、时段顺序为横坐标绘制而成的柱状图（或曲线）为降水量过程线。它显示时段降水量的变化过程，如以日降水量为纵坐标，可绘制日降水量过程。在 1 天或 1 年之内并非每天都降水，故日降水过程线是不连续的。为了表示一次暴雨的变化过程，常用更短的时段降水量（如 h、min 等）来绘制暴雨过程线。

（二）降水量累积曲线

以时间为横坐标，从降水开始到各时刻的累计降水量为纵坐标绘成的折线（或曲线）称为降水量累积曲线。自记雨量计记录的曲线，就是降水量累积曲线。该曲线某段的坡度，即为该时段的平均降水强度。

降水量累积曲线上任一点的斜率即为该点相应时刻的降水强度。将同一流域各雨量站的同一次降雨的累积曲线绘在一起，可用来分析降雨在流域上的分布及各站降雨在时段上的变化，并可用来校验观测资料的合理性。

（三）等雨量线

对于面积较大的区域或流域，为了表示次、日、月、年降水量的平面分布状况，可绘制等雨量线图。该图的制作方法与地形等高线图相似，首先将流域内各站雨量标注在相应位置上，然后根据其数值勾绘等值线。等雨量线能清晰地反映一次降雨的空间分布，按各时段顺序雨量绘制的等雨量线图，还能反映暴雨中心的移动路线。

等雨量线图是研究降水分布、暴雨中心移动及计算流域平均雨量的有力工具。但是，在绘制等雨量线图时，要求有足够的且控制较好的雨量站点，这样才能真实地反映降雨的空间分布。如雨量检测站较少或控制不好，不能反映暴雨中心的极大值和暴雨的低值点，所绘等雨量线的真实性就会很差，从而失去意义。地形和降水关系密切，在绘制等雨量线图时应加以考虑。此外，还要考虑降水量随高程增加的规律和由于暴雨走向造成的迎风坡和背风坡的降水量的差异。

五、流域平均降水量计算

由雨量站观测的降水量，只表示流域中某点或小范围的降水情况，在水文计算时，需要计算全流域的平均降水量，其计算方法目前通用的有算术平均法、泰森多边形法和等雨量线法。

（一）算术平均法

该法以流域内各站降水量的算术平均值作为流域平均降水量。它适用于流域雨量站，站网密度较大，且雨量站分布均匀，流域内地形起伏变化不大的地区。

（二）泰森多边形法（加权平均法）

如流域内雨量站分布不均，此时采用泰森多边形法较算术平均法更加合理和优越。其作图方法是在地形图上把各雨量站就近连成三角形，并尽可能使其成锐角。在连三角形时，对本流域雨量起一定控制作用的邻近流域的测站也应包括进去，然后对每个三角形的各边作垂直平分线，这些垂直平分线与流域边界构成以每个站为核心的多边形。在图中以虚线为三角网，以实线为每个测站控制的多边形面积。在流域边界，如果多边形的一部分跨越边界，则只取用本流域内的那部分多边形面积。如果站网稳定不变，采用此法较好。如果某个时期因个别雨量站缺测或缺报以及雨量站位置变动而改变各站权重，则会给计算带来麻烦。

从泰森多边形法的作图过程以及结果来看，在所有雨量站中，只有同一部分面积上的那一个雨量站，距离该部分面积上的任何一点最近。该法的原理是基于测站间的降水量是线性变化，这对于地形无较大起伏的流域是符合的，若流域内或两站间有高大山脉，则用此法计算会带来误差。

（三）等雨量线法

对于地形变化大，区域内又有足够多的雨量站，能够根据降水资料结合地形变化绘制出等雨量线图，则可采用本法计算流域平均降水量。

等雨量线法理论上较完善，但要求有足够数量的雨量站，而且每次降雨都必须绘制等雨量线图，并量算面积和计算权重，工作量相当大，故实际上应用不多，只有分析某面积上的特殊暴雨、洪水时才采用此法。

六、我国年降水量的分布

我国年降水量的地区分布，大体上由东南向西北减少。这是因为我国西北地区伸入亚欧大陆的中心，东南濒临世界最大的海洋——太平洋，大部分地区盛行季风。因此，东南湿润，西北干旱。

我国降水量的季节特点是大部分地区降水集中在夏季，冬季雨量最少。雨热同季，为我国农业生产提供了良好的条件。长江以南地区，多雨期为3—6月或4—7月，正常年份最大4个月雨量占全年降水量的50% ~ 60%。华北和东北地区雨季为6—9月，正常年份最大4个月雨量占全年降水量的70% ~ 80%。西南地区雨季为5—10月，正常年份最大4个月雨量占全年降水量的70% ~ 80%。

第四节　蒸发及散发

蒸发是水循环中的重要环节之一，在研究一定地区的水量平衡、热量平衡、水资源估算中有重要作用。蒸发是液态水或固态水表面的水分子运动速度足以超过分子间的吸力时，不断从液态水表面溢出的现象。

自然界蒸发面的形态各种各样。如蒸发面是水面，则称为水面蒸发；如蒸发面是土壤表面，则称为土壤蒸发或蒸腾。一个流域表面通常由水面、土壤和植被组成，如果把流域表面作为一个蒸发面，则称为流域蒸发面。

一、水面蒸发

（一）水面蒸发的物理过程

对于一个自由水面，进入水体的热能增加了水分子的动能，当一些水分子所获得的动能大于水分子之间的内聚力时，就能突破水面跃入空中。因此，只有那些动能大的水分子才能溢出水面。这样，所剩下的水分子的平均动能将减少，水温会降低。单位水量从液态变为气态所吸收的热量叫蒸发潜热或汽化潜热。另外也会有一些水分子由于水面上空气中的水汽分子受到水面水分子的吸力作用或本身受冷的作用而从空中返回水面，此过程称为凝结。凝结时所产生的凝结潜热与蒸发潜热相同。

从水面跃出的水分子数量与返回水面的水分子数量之差，就是我们实际观测到的蒸发量或蒸发率，通常以mm/d或mm/a计算。

对于一个封闭系统，水分子运动的能量来自热能。当一个水分子跃出水面时，其动能因分子间的吸力对它做负功而减少，因而难以返回水面。但当继续供给热能时，汽化作用就能不断地进行，使得水分子在水面上累积起来。水面温度愈高，水分子运动愈活跃，从水面跃入空中的水分子也就愈多，以至水面上空气中的水汽含量也愈多。根据理想气体定律，在恒定的温度和体积下，气体的压力与气体的分子数成正比，因而分子数愈大水汽压也就愈大；同时，空气中的水分子返回水面的机会也会增多。当达到一定程度时，必然发生出入水面的水汽分子数相等的情况，有效蒸发量为 0，达到饱和平衡状态，相应的水汽压力称为饱和水汽压。水面温度若发生变化又会出现新的平衡状态，所以可用饱和水汽压衡量水面有效蒸发量的变化。饱和水汽压与水面温度有关（假定近水面的气温水温相等），这一关系可用马格努斯经验公式表示。

$$e_s=e_0\times 10\frac{a\times t}{b+t}$$

式中：

e_s——温度 t 时纯水面上的饱和水汽压，hPa；

e_0——0℃的纯水平面上的饱和水汽压，e_0=6.1 hPa。

a，b——经验常数，对于水来说，a=7.45，b=23.5 ℃。

t——温度，℃。

对于一个封闭系统，蒸发量仅与饱和水汽压有关。随着温度的升高，饱和水汽压按指数规律而迅速增大。因此，空气温度的变化，对蒸发和凝结有重要的影响。

对于一个封闭系统，蒸发量仅与饱和水汽压有关。随着温度的升高，饱和水汽压按指数规律而迅速增大。因此，空气温度的变化对蒸发和凝结有重要的影响。

在实际应用时，经常使用水量平衡法、经验公式法和器测法等对水面蒸发进行观测和计算。

（二）影响水面蒸发的因素

1. 太阳辐射

由于水在汽化时需要热能，所以在蒸发过程中太阳辐射是非常重要的，是影响蒸发的主要因素，蒸发随日内不同时刻、季节、纬度及天气条件而变化。

2. 饱和水汽压差

饱和水汽压差指水面温度的饱和水汽压与水面上空一定高度的实际水汽压之差。它反映水汽温度梯度。饱和水汽压差越大，蒸发量越大；但当上层水汽压、水汽分子密度增大到一定程度时，水分子的扩散受到抑制，蒸发也就变得缓慢了。

3. 风

风和气流能移走水面上的水分子，促进水汽交换，使水面上水汽饱和层变薄并保持持续强大的输送率，因而风速愈大，水面蒸发率就愈高。当风速超过一定限度时，水层表面的水汽分子随时会被风完全吹走，此后风速再大也不会影响蒸发强度。冷空气的到来还会减少蒸发，甚至产生凝结。

4. 气温

气温决定空气中所能容纳水汽含量的能力和水汽分子扩散的速度。气温高时，蒸发面上的饱和水汽压比较大，易于蒸发；水温反映水分子运动能量的大小，水温高时，水分子运动能量大，逸出水面的水分子多，蒸发强。当风速等其他因素变化不大时，蒸发量随气温的变化一般呈指数关系。

5. 水质

因水质影响蒸发过程，水中的溶解质会减少蒸发。例如，含盐度每增加 1%，蒸发就会减少 1%。浑浊度（含沙量）会影响反射率，因而影响热量平衡和水温，间接影响蒸发。由于废水的颜色不同，吸收太阳辐射的热量也不一样。一般深色污水往往比清水蒸发量多 15% ~ 20%。

6. 蒸发表面情况

蒸发表面是水分子在汽化时必须经过的通道，若表面积大，则蒸发面大，蒸发作用就进行得快。此外，水体的深浅对蒸发也有一定的影响，浅水水温变化较快，与水温关系密切，对蒸发的影响比较显著；深水水体则因水面受冷热影响而产生对流作用，使整个水体的水温变化缓慢落后于气温的时间较长，所以深水水体中蕴藏的热量较多，对水温起到一定的调节作用，因而蒸发量在时间上的变化比较稳定。不同的地理位置、地形情况以及降水量强度和时空分布都对水面蒸发过程有影响。

综上所述，可把影响水面蒸发的因素归纳为两类：①气象因素，如气压度、湿度和降水等因素；②水体自身及自然地理因素，如水质、水深、水面和地形等因素。

二、土壤蒸发

作为一种多孔介质，土壤不仅具有吸收水分的能力，而且具有保持水分和输送水分的能力，土壤水分的一切运动形式都与此相关。如果水分是从土壤表面向土层内部运动，就是下渗过程；如果水分是离开土壤表面向大气中逸散，就是土壤蒸发过程。

（一）土壤蒸发过程

土壤的水分蒸发过程一般可分为三个阶段。

第一阶段：土层土壤十分湿润，蒸发过程发生在土壤表面，蒸发速率与同样气象条件下水面的蒸发速率接近，而与土壤湿度无关。在这一阶段，蒸发速率主要受气象条件的影响。

第二阶段：当土壤表面水分含量减小到临界含水量以后，蒸发速率随着表层土壤含水量的变小而变小。此时，蒸发速率与含水量有关，而气象因素对它的影响逐渐减小。

第三阶段：沿土壤内毛细管上升的水分不能达到土壤的表层，因而在地面形成一个干涸表面层，蒸发过程发生在土壤的深层中，蒸发形成的水汽由于扩散作用通过干涸层进入空气，在这一阶段，气象因素对蒸发速率的影响很不显著。

总之，土壤蒸发速率除了与影响蒸发的气象因素——温度、空气湿度和风速等有关外，还和土壤水分含量和地层的物理特性有关。

在有植被的地面，土壤本身的蒸发量大为减少。但植物根系从土中吸收水分由叶片的气孔散发到空气中，从而大大增加了土壤中水分的消耗。

（二）影响土壤蒸发的因素

土壤蒸发取决于两个条件，一是土壤蒸发能力，二是土壤的供水条件。土壤蒸发量的大小取决于以上两个条件中较小的一个，并且大体上接近于这个较小值。影响土壤蒸发能力的是一系列的气象因子，如温度、湿度、风速等，其中温度影响更为主要。影响土壤供水条件的因素有土壤含水量，影响有效水分运动的土壤孔隙性，地下水位的高低，以及温度、梯度等。

三、植物蒸腾

植物根系从土壤中吸收的水分，只有微小部分存留在植物组织中，其余水分都通过叶面化为水汽逸入大气中，这就是蒸腾。可见，蒸腾是主要发生在植物茎叶上的一种蒸发现象，它比水面蒸发和土壤蒸发更复杂，因为植物蒸腾过程与土壤环境、植物生理和大气环境之间存在密切关系。

植物的根细胞叶液与土壤水分的浓度之差产生的渗透压，足以使土壤水分通过根膜流入根细胞。水分一进入根内，即通过植物内部转移到树叶中的胞间腔。空气通过叶面气孔进入树叶，树叶内部的叶绿体利用空气中的二氧化碳和小部分水来制造碳水化合物，供植物生产之需，此即光合作用。当空气进入树叶时，水分通过开放气孔逸出，此即散发过程。

由于光合作用与接收的辐射有关，大约 95% 的日散发量在白昼发生，与此相比，白昼土壤蒸发量则只有 75% ~ 95%。当气温降至 4 ℃时，植物生长通常停止，散发量也变得极少。

当可用土壤水分有限时，植物类型就会变为控制散发的重要因素。当土壤干透时，浅根树种因得不到水而枯萎，深根树种则可继续散发直到较深层土壤水分减到凋萎含水量为止。因此，深根植被在持续干旱期间比浅根植被散发更多的水量。单位面积的散发量还取决于植被密度。对于间隔较宽的植物（低植被密度），不是全部太阳辐射都到达植物那里，而是有一部分太阳辐射被土壤表面所吸收。

在干旱条件下，即使在特定的土壤水分情况下，植物类型也影响散发。旱生植物，即荒漠树种，单位面积气孔较少，且接受辐射的表面积也少，因而散发极少的水分。地下水生植物，具有深达地下水位的根系，且散发的速率大多与通气层的含水量无关。几乎所有植物都能控制气孔开口，即使是中生植物（湿带植物）也有一定能力在旱季减少散发量。

植物所截留的雨量，接着就蒸发掉，因而会耗用本可供散发的一些能量。草被的试验表明，蒸发减少量相当于截留量。钵植小松树的试验表明，散发减小量比截留量要少得多。

四、流域蒸散发

流域内的蒸散发包括水面蒸发、土壤蒸发、植物截留蒸发及植物散发。一个地区只要气候条件一致，水面蒸发大致相同，而土壤蒸发、截留蒸发和植物散发则受土壤条件及植被状况的影响。土壤条件及植被状况在流域内各处都不一样，要直接测出一个流域的总蒸散发量和流域平均蒸散发量最好是用流域水量平均方程间接计算。国外有一些推算正常（即多年平均）年蒸散发量的经验公式，一般都是以正常年降水量及正常年平均气温为自变量，另有 1 ~ 2 个参数。

第五节　下渗与径流形成

一、下渗

下渗是指水分通过土壤表面垂直向下进入土壤的运动，它是降雨径流形成过程中的重要一环，不仅直接影响地面径流量的大小，也影响土壤水分及地下水的增长。由于下渗水量是降雨径流损失的主要组成部分，所以我们有必要认识下渗的物理现象和下渗水量的变化规律。

（一）下渗的物理现象

当雨水落在干燥的土面上，首先受到土粒的分子力作用，被吸附于土粒表面，形成薄膜水。待表层土壤中薄膜水得到满足后，下渗水就填充于土粒间的空隙，且在表面张力的作用下形成毛细管力。在毛细管力和重力作用下，下渗水分在土壤孔隙中做不稳定运动，并逐步充填土粒孔隙。一旦表层土中毛管水满足后，若地表仍有积水，则继续下渗的水分填充较大孔隙，使表层土的含水量达到饱和。此时，表层饱和土的毛管力方向向下，水分在毛管力作用下向下层土壤运动，同时孔隙中的自由水在重力作用下，沿孔隙向下流动。水分在重力作用下向下运行称为渗透，如果地表仍有积水，则下渗继续。下渗使土壤水分不断增加，饱和层厚度扩展使饱和层和下层之间形成一个湿润层。湿润层内土壤含水量向深层递减。湿润层的前缘称为下渗锋面。随着下渗锋面的向下进展，毛管力逐渐减小，下渗锋面到达一定深度趋于稳定，此后，孔隙中的重力水不会滞留在土壤中，因受重力作用继续向下运动，补充下层土壤含水量。如果地下水的埋藏深度不大，重力水可能渗透整个包气带，补给地下水，形成地下径流。

（二）下渗率和下渗能力

下渗水量的多少与下渗率和时间有关，单位面积单位时间的下渗水量称为下渗率，又称下渗强度（mm/min 或 mm/h）。

在特定的土壤条件下，下渗持续时间一定，下渗的水量还随供水充足与否而变化。例如，在一次降水过程中，降水强度时大时小，甚至还有间歇。又如，灌溉供水或始终保持地面积水的淹灌。显然，在相同的下渗时间里，前者的下渗水量必小于后者，最多两者的下渗水量相同。为此，需要提出下渗能力与实际下渗率的概念。下渗能力是指在充分供水（或地面有积水）条件下的下渗率，又称下渗容量。实际下渗率是指现时供水情况下的下渗率，其值小于或等于下渗能力。天然降水情况下，降水径流的下渗水量与实际下渗率随时间变化而变化。

（三）积水下渗公式

重力在水分下渗过程中是经常起作用的力，它是一个常数，方向向下。当水分主要在重力作用下向下运行时，下渗强度逐渐趋于稳定。这种下渗强度随时间的变化而变化。在充分满足土壤水分变化规律下得到的曲线称为下渗能力变化曲线，或下渗容量曲线。这种下渗强度随时间增长的递减规律，由下渗试验可得到证实，其数学公式主要为霍顿公式。

$$f_{\mathrm{p}}=f_{\mathrm{c}}+(f_0-f_{\mathrm{c}})\,\mathrm{e}^{-at}$$

式中：

f_{p}——下渗容量，mm/h；

f_{c}——稳定下渗率，mm/h；

t——下渗时间，h；

f_0——下渗开始时（t=0）的下渗率，mm/h；

e——自然对数的底；

a——参数，与土壤、植被性质有关。

霍顿公式是霍顿在下渗试验资料基础上，用曲线拟合方法得到的经验公式。后来有人对土壤水动力方程组在假定导水率及扩散率不变的条件下，经过数学推导而得。

（四）天然条件下的下渗

在每次降雨中，由于雨强随时间的变化而变化，是不稳定的，有时是不连续的。因此，实际下渗过程与降水时程分配有密切的关系，它具有与降雨特性相类似的特点，是不稳定的，有时是不连续的。

天然情况下的降雨在时空分布上是复杂多变的，雨量、历时相同的降雨，在时空分布上可能具有完全不同的特征。

天然情况的下渗受多方面的影响，可归并为四类：①土壤的机械物理性质及水分物理性质。②降雨特性。③流域地表情况，包括地形、植被等。④人类活动因素。

二、径流形成

对一个流域来说，径流是指降落到流域表面上的降水在重力作用下，由地表和地下的途径流入河川、流出流域出口断面的水流。河川径流的水源是大气降水。按降水形式的不同，河川径流可分为降雨径流和融雪径流，我国的河流以降雨径流为主，冰雪融水径流只是在局部地区或河流的局部地段发生；按径流途径不同，可分为地面径流和地下径流。

降雨开始时，除少量雨水直接入河、湖表面形成径流外，一部分滞留在植物枝叶上，称为植物截留，其余全部直接降落到地面。在降雨过程中植物截留量不断增加，直到达到最大截留量。截留过程延续至整个降雨过程，积蓄在枝叶上的雨水不断被新的雨水替代。雨止后，截留水量最终耗于蒸发。

降落到地面的雨水，一般都向土中渗入。当降雨强度大于土壤的入渗能力时，产生超渗雨。超渗雨开始形成地面积水，然后沿坡面向低处流动，称为坡面漫流。当坡面上有洼塘时，超渗雨要把沿流路上的洼坑填满以后，才能往更低处流。这些洼坑积蓄的水量，称为填洼量。对于山区流域来说，一次暴雨洪水过程中，填洼量所占比重不大，由于它最终将耗于蒸发及入渗，因而在实际计算中往往被忽略。但在平原或坡度平缓的地面，由于地面洼坑较多，填洼量较大，流域填洼过程在径流形成过程中的作用十分显著。它不仅影响坡面漫流过程，同时也影响径流总量，因而它不容忽视。

扣除植物截留、入渗、填洼后的降雨量，其余则构成能进入溪沟的坡面漫流。许多溪流汇入河槽，最后成为流域出口径流量，这部分径流，称为地面径流。地面径流汇流迅速，大雨时常形成较大洪水。降雨渗入地表，如表层土壤下部密实度增大就有可能使下渗率降低，使表层土壤的含水量首先达到饱和，后续渗入的雨量往往沿该饱和层的坡度在土壤孔隙间流动，注入河槽形成径流，称为壤中流或表层流。表层流沿坡面汇集的速度小于坡面漫流，但在实际的水文分析工作中，因不便分别处理，往往将它并入地面径流。

在降雨过程中以及雨止后一定时段内，由地表入渗的雨量，除补充土壤含水量外并逐步向其下层渗透，如能到达地下饱和水面，则成为地下径流。由于地下往往有几个不同的含水层，在不同含水层中的地下径流常具有不同的特性。位于不透水层之上的冲积层中的地下水，也称为潜水或无压地下水，它具有自由水面。在无压含水层中的自由水面以下部分称为饱水带，没有空气，其上的未饱和水层称为包气带。按水分分布特征，包气带划成三个带：①近地面处为毛细管悬着水带（有时称土壤水带），它同外界水分交换强烈。②毛细管支持水带或称毛细管水活动带，是在潜水面之上由毛细管上升水形成的，其水分分布特征是土壤含水量自下而上逐渐减小。③中间包气带，介于上述两个带之间。当地下水埋藏较深时，中间包气带也较厚，在多数情况下，其水量较小，变化缓慢，沿深度分布较均匀。

坡面漫流的流程一般不长，一般为数米至数百米，在坡面漫流注入河网的同时，也有表层流和地下径流注入河网。进入河网的水流，从上游到下游，从支流到干流汇集，最后全部先后流经流域出口断面，这个汇流过程称为河网汇流或河槽集流。显然，在河网汇流过程中，沿途不断有坡面漫流、表层流、地下径流汇入，当降雨和坡面漫流停止后，河网汇流过程还要延续很长时间，因为已经汇入河网的水流还需要一段向流域出口断面汇集和消退的时间。

一次降雨过程，经植物截留、填洼、入渗和蒸发等项扣除一部分雨量之后，进入河网的水量自然比降雨总量小，而且经过坡面漫流及河网汇流两次再分配的作用，使出口断面的径流过程比降雨过程变化缓慢，历时增长，时间滞后。

必须指出，把径流形成过程中从降雨扣除各项损失的过程称为产流过程，把坡面汇流及河网汇流过程称为汇流过程，只是为了简化分析计算工作，并不意味着流域上一次降水所引起的径流形成过程，可以截然划分为前后相继的两个不同的阶段。事实上，在流域各处产生的径流，在向出口断面汇集的过程中，降雨、下渗、蒸发等现象的全部或一部分是在不同程度上发生的。

第三章　水文监测与水文调查

第一节　流量测验及流量资料整编

一、水位观测

对某一基面而言，用高程表示江、河、湖、海、水库等自由水面位置的高低称为水位。水位要指明所用基面才有意义。目前全国统一采用青岛海平面为基面，但各流域由于历史原因，仍有沿用过去使用的基面如大沽基面、吴淞基面等，也有采用假定基面的。因此，使用时应注意查明。

观测水位常用的设备有水尺和自记水位计两大类。

按水尺的构造形式不同，可分为直立式、倾斜式、矮桩式与悬锤式等数种。测流时，水面在水尺上的读数加上水尺零点处的高程即为当时水面的水位值，可见水尺零点是一个很重要的基本数据，要定期根据测站的校核水准点对各个水尺的零点高程进行校核。我国已研制成功多种自动记录水位的仪器，通称为自记水位计。自记水位计能将水位变化的连续过程自动记录下来，有的还能将记录的水位以数字或图像的形式远传至室内，使水位观测趋于自动化和远传化。

基本水位的观测，当水位变化缓慢时，每日 8：00 时与 20：00 时各观测一次。洪水过程中要加测，使其能得出洪水过程和最高水位。

日平均水位是计算月、年平均水位的基础，也是年径流量计算的依据。当一天内水位变化缓慢时，或水位变化较大但各次观测的时距相等时，可用算术平均法计算日平均水位。当一天内的水位变化较大，观测时距又不相等时，则要用面积包围法计算日平均水位。

二、流量测验

（一）流速仪测流及流量计算

流速仪测流是用普通测量方法测定过水断面。用流速仪测定流速，通过计算部分流量求得全断面流量，分述如下。

1. 断面测量

测流断面的测量，是在断面上布设一定数量的测深垂线，测得每条测深垂线起点距和水深，将施测时的水位减去水深，即得河底高程。起点距是指某测深垂线到断面起点桩的距离。测定起点距的方法有多种，在中小河流上以断面索法最简便，即架设一条过河的断面索，在断面索上读出起点距。在大河上常用经纬仪前方交会法，将经纬仪安置在基线一端的观测点上，望远镜瞄准测深位置时，即可测出基线与视线间的夹角。因基线长已知，即可算出起点距。测水深的方法，一般用测深杆、测深锤等直接量出水深。对于水深较大的河流，有条件时还可使用回声测深仪。

2. 流速测量

流速仪是测定水流中任意点的流速仪器。我国采用的主要是旋杯式和旋桨式两类流速仪。

它们主要由感应水流的旋转器（旋杯或旋桨）、记录信号的记录器和保持仪器正对水流的尾翼等三部分组成。旋杯或旋桨受水流冲动发生旋转，流速愈大，旋转愈快。根据每秒转数与流速的关系，便可推算出测点的流速。每秒转数 n 与流速 V 的关系，在流速仪检定槽中通过实验确定。每部流速仪出厂时都附有经检定的流速公式：

$$V=Kn+C$$

式中：

V——流速；

K——仪器的检定常数；

n——每秒转数；

C——仪器的摩阻系数。

测流时，只需记录仪器旋转的总转数 N 和总历时 T，即可求出平均每秒转数 n，利用公式即可求出测点流速 V。为了消除流速脉动的影响，规范要求 $T \geqslant 100\text{s}$。

为了正确地反映断面流速，必须根据流速在断面上分布的特点，选择数条有代表性的测深垂线作为测速垂线，并在每条测速垂线上选定若干测点进行测速。测速垂线的数目视水面宽度而定。每根垂线上测点的分布，要根据水深的大小、有无冰封、水位变化等情况决定。在精测时可采用五点法，即在相对水深（测点水深与测线水深之比）为 0.0、0.2、0.6、0.8、1.0 处测速。在常测时，可用一点法，即在相对水深 0.0 或 0.6 处，二点法即在相对水深 0.2、0.8 处，三点法即在相对水深 0.2、0.6、0.8 处测速。选用何法应以能正确反映垂线平均流速为准。

3. 流量计算

水文站流速仪测流有专门的计算表格，计算步骤是由测点流速推求垂线平均流速，再推求部分面积平均流速。把部分平均流速的相应部分面积相乘即得部分流量，部分流量相加便得断面流量。

（二）浮标法测流

当使用流速仪测流有困难时，可使用浮标法测流，其原理是通过观测水流推动浮标的移动速度求得水面流速，利用水面流速推求断面虚流量，再乘以经验性的浮标系数 K，换算为断面实际流量。

水面浮标通常用木板、稻草等材料做成十字形、井字形，下坠石块、上插小旗以便观测。在夜间或雾天测流时，可用油浸棉花团点火代替小旗以便识别。浮标尺寸在不难观测的条件下，应尽可能小些，以减小受风面积，保证精度。在测流河段上，设立上中下三断面及浮标投放断面，中断面一般即为测流断面，上下断面间距应为该河段最大流速的 50 ~ 80 倍。用秒表观测浮标由上断面流到下断面的历时,从而得出浮标的平均流速。用安置于基线一端测角点上的经纬仪即可观测浮标通过测流断面的起点距。通过对较均匀地分布在全河宽上的浮标的观测，即可作水面流速分布图，此时因不能实测断面，只能借用最近施测的断面成果，然后选定若干测深垂线，划分部分面积，并在表面流速分布图上读出相应各垂线处的水面流速。其计算与流速仪测流法相同，将由水面流速算得的部分虚流量相加，即得全断面的虚流量。断面虚流量乘以浮标系数 K，即得断面流量。

三、流量资料整编

各种水文测站测得的原始资料，都要经过资料整编，按科学的方法和统一的格式整理、分析、统计，提炼为系统的整编成果，供水文预报、水文水利计算、科学研究和有关经济部门使用。因此，所有的水文观测项目的观测资料都要经过整编，然后才便于使用。有关流量资料的整理、分析、统计工作，称为流量资料整编。另外，由于流量观测比较费时，难以直接由测流资料得出流量变化过程，而水位变化过程较易得到。如能根据实测水位、流量资料建立水位流量关系曲线，则可通过它把水位变化过程转换成流量变化过程，并进一步进行各种统计分析。所以水位流量关系的分析就成为流量资料整编工作的主要内容。

定出水位流量关系以后，就可把连续观测的水位资料转换为连续的流量资料。在此基础上可进行各种统计整理工作。首先应推求逐日的平均流量。当流量变化平稳时，可用日平均水位从水位流量关系上查得日平均流量。当一天内流量变化较大时，可用逐时水位从水位流量关系线上查得逐时的流量，再用适时流量按算术平均法求得日平均流量。水文年鉴中刊布的日平均流量表中，还列出了各月的平均流量及最大、最小流量，还有全年的平均流量及年内最大、最小流量。为了分析汛期洪水特性，在汛期水文要素摘录表中列有较详细的洪水流量过程，可供洪水分析时使用。为了便于了解水文测验情况，还列有流量实测成果表，对各测次的基本情况均有记载。

第二节　坡面流量测验

坡面流在小流域地表径流中占很重要的地位，而从坡面流失的泥沙则是河流泥沙的主要来源。同时，人类活动很大部分是在坡地上进行的，特别是山丘区。因此，了解和掌握人类活动对坡面流和坡面泥沙的影响程度是必要的。目前，测定坡面流主要采用实验沟和径流小区。

一、实验沟和径流小区的选定

选择实验沟和径流小区时，应考虑如下几个方面。

实验区的植被、土坡、坡度及水土流失等应有代表性，即对实验所取得的经验数据应具有推广意义。严禁在有破碎断裂带构造和溶洞的地方选点。

选择的实验沟，其分水线应清楚，应能汇集全部坡面上的来水，并在天然条件下，便于布置各种观测设备。

选定的实验沟、径流小区的面积一般应满足研究单项水文因素和对比的需要。实验沟的面积不宜过大，径流小区的面积可从几十平方米至几千平方米，根据具体的地形和要求而定。

二、实验沟的测流设施

为了测得实验沟的坡面流量及泥沙流失量，其测验设施由坡面集流槽、出口断面的量水建筑物及沉沙池组成。

地面集流槽沿天然集水沟四周修建，其内口（迎水面）与地面齐平，外口略高于内口，断面呈梯形或矩形。修建时，应尽量使天然集水沟的集水面积缩到最小，而集水沟只起汇集拦截坡面流和坡面泥沙的作用。为使壤中流能自由通过集流槽，修建时，槽底应设置较薄的过滤层。为了防止集流槽开裂漏水，槽的内壁可用高标号水泥浆抹面或其他保护措施。为了使集流槽内的水流畅通无阻，在内口边缘应设置一道防护栅栏，防止坡面的枝叶杂草淌到槽内。在集流槽两侧端点出口处，设立量水堰和沉沙池。在天然集水沟出口处，再设立测流槽等量水建筑物测定总流量和泥沙。

三、径流小区的测流设施

为了研究坡地汇流规律，可在实验区的不同坡地上修建不同类型的径流小区，观测降雨、径流和泥沙，即可分析各自然因素和人类因素与汇流的关系。

径流小区适用于地面坡度适中、土壤透水性差、湿度大的地区。在平整的地面，一般为宽 5 m（与等高线平行）、长 20 m、水平投影面积为 100 m^2 的区域。但根据任务、气象、土壤、坡长等条件，也可采用如下尺寸：10 m×20 m、10 m×40 m、10 m×80 m、20 m×40 m、20 m×80 m、20 m×150 m。

径流小区可以两个或多个排列在同一坡面，两两之间合用护墙。如受地形限制，也可单独布置。小区的下端设承水槽，其他两面设截水墙。截水墙可用混凝土、木板、黏土等材料修筑，墙应高出地面 15 ~ 30 cm，上缘呈里直外斜的刀刃形，入土深 50 cm，截水墙外设有截水沟，以防外来径流窜入小区。截水沟距截水墙边坡应不小于 2 m，沟的断面尺寸视坡地大小而定，以能排泄最大流量为宜。

径流小区下部承水槽的断面呈矩形或梯形，可用混凝土、砖砌水泥抹面。水槽需加盖，防止雨水直接入槽，盖板坡面应向场外。槽与小区土块连接处可用少量黏土夯实，防止水流沿壁流走。槽的横断面不宜过大，以能排泄小区内最大流量为准。

承水槽由引水管与积水池连通，引水管的输水能力按水力学公式计算。积水池的量水设备有径流池、分水箱、量水堰、翻水斗等多种，可根据要求选用。如选用径流池作为量水设备，它的大小应以能汇集小区某频率洪水流量设计。池壁要设水尺和自记水位计，测量积水量。池底要设排水孔，池应有防雨盖和防渗设施，以保证精度。

一般采用体积法观测径流，即根据径流池水位上升情况计算某时段的水量。测定泥沙也是采用的取水样称重法，即在雨后从径流池内采集单位水样，通过量体积、沉淀、过滤、烘干和称重等步骤，求得含沙量。取样时，先测定径流池内的泥水总量，然后搅拌泥水，再分层取样 2 ~ 6 次，每次取水样 0.1 ~ 0.5 L，把所取水样混合起来，再取 0.1 ~ 1 L，即可分析含沙量。如池内泥水较多或池底沉泥较厚，搅拌有困难时，可用明矾沉淀，汲取上部清水，并记录清水量，算出泥浆体积，取泥浆 4 ~ 8 次混合起来，再取 0.1 L 的泥浆样进行分析。

四、插签法

在精度要求较低时，可用插签法估算土壤的流失，即在土壤流失区内，根据各种土壤类型及其地表特征，布设若干与地面齐平的铁签或竹签，并测出铁、竹签的高程，经过若干时间后，再测定铁、竹签裸露于地面的高程，这两高程之差即为冲刷深（mm），再乘以实测区内的面积即为冲刷量。

第三节　水文调查与水文资料的收集

一、洪水调查

进行洪水调查前，首先要明确调查的任务，收集有关该流域的水文、气象等资料，了解有关的历史文献。这样可以了解历年洪水的概况。但定量的任务仍要通过实地调查和分析计算来完成。

在调查工作中，应注意调查洪痕高程，即洪水位。尽可能找到有固定标志的洪痕，否则要多方查证其可靠性，并估计其可能的误差。洪痕调查应在一个相当长的河段上进行，这样得出的洪痕较多，便于分析判断洪痕的可靠性，并可以提高水面比降的精度。当然，在一个调查河段上，不应有较大支流汇入。还应注意调查洪水发生的时间，包括洪水发生的年、月、日、时及洪水涨落过程。这可为估算洪水过程、总水量提供依据。对洪水过程中的断面情况与调查时河床情况的差异，亦应尽可能调查了解。

计算洪峰流量时，若调查所得的洪水痕迹靠近某一水文站，可先求水文站基本水尺断面处的历史洪水位高程，然后延长该水文站实测的水位流量关系曲线，以求得历史洪峰流量。若调查洪水的河段比较顺直，断面变化不大，水流条件近于明渠均匀流，可利用曼宁公式计算洪峰流量。

按明渠均匀流计算所要求的条件，在天然河道的洪水期中较难满足。因为一般调查出来的历史洪水位，除有明确的标志外，一般都有较大的误差。如果要减小水位误差对比降的影响，只能把调查河段加长。在一个较长的河段上，要保持河道断面一致的条件就很困难了，此时就要采用明渠非均匀流的计算办法。

二、暴雨调查

历史暴雨时隔已久，难以调查到确切的数量。一般是通过群众对当时雨势的回忆，或与近期发生的某次大暴雨相对比，得出定性的概念；也可通过群众对当时地面坑塘积水、露天水缸或其他器皿承接雨水的程度，分析估算降水量。

对于近期发生的特大暴雨，只有当暴雨地区观测资料不足时，才需要事后进行调查。调查的条件较历史暴雨调查有利，对雨量及过程可以了解得更具体、更准确。除可据群众观测成果以及盛水器皿承接雨量情况做定量估计外，还可对一些雨量记录进行复核，并对降雨的时空分布进行估计。

三、枯水调查

历史枯水调查，一般比历史洪水调查更困难。不过有时也能找到历史上有关枯水的记载，但此种情况甚少。一般只能根据当地较大旱灾的旱情，无雨天数，河水是否干涸断流，水深情况等来分析估算当时的最小流量、最低水位及发生时间。

当年枯水调查，可结合抗旱灌溉用水调查进行。当河道断流时，应调查开始时间和延续天数。有水流时，可用简易方法，估测最小流量。

四、水文资料的收集

水文资料是水文分析的基础，收集水文资料是水文计算的基本工作之一。水文资料的来源主要为国家水文站网观测整编的资料，这就是由主管单位逐年刊布的水文年鉴。水文年鉴按全国统一规定，分流域、干支流及上下游，每年刊布一次。

年鉴中载有：测站分布图，水文站说明表及位置图，各站的水位、流量、泥沙、水温、冰凌、水化学、地下水、降水量、蒸发量等资料。

当需要使用近期尚未刊布的资料，或需查阅更详细的原始记录时，可向各有关机构收集。水文年鉴中不刊布专用站和实验站的观测资料及整编、分析成果，需要时可向有关部门收集。

水文年鉴仅刊布各水文测站的资料。各地区水文部门编制的水文手册和水文图集，是在分析研究该地区所有水文站资料的基础上编制出来的。它载有该地区的各种水文特征值等值线图及计算各种径流特征值的经验公式。利用水文手册和水文图集便可估算无水文观测资料地区的水文特征值。由于编制各种水文特征的等值线图及各径流特征的经验公式时，依据的小流域资料较少，当利用手册及图集估算小流域的径流特征值时，应根据实际情况做必要的修正。

当上述年鉴、手册、图集所载的资料不能满足要求时，可从其他单位处收集。

第四章　水文统计

第一节　概率、频率、重现期

概率、频率、重现期是水文统计中最基本的三个概念。

一、概率

（一）随机试验与随机事件

首先我们介绍随机试验的概念。

在科学研究、工程建设中我们会进行各种各样的试验，如科学种田试验、导弹发射试验等。可以说试验具有重要的意义。在概率论中有这样一种试验：①可以在相同的条件下重复进行；②每次试验的可能结果不止一个，并且能事先知道试验所有可能出现的结果或范围；③每次试验之前无法确定究竟哪种结果会出现。如掷硬币、掷骰子、摸扑克牌等均是如此。具有这种特性的试验，概率论中称之为随机试验。随机试验中所有可能出现或不可能出现的事情，都称之为事件。事件按照其发生的可能性大小分为三类。

1. 必然事件

即在一定的条件下肯定会发生的事件。如天然河流中洪水到来时水位必然上涨。

2. 不可能事件

即在一定条件下肯定不会发生的事件。如天然河流在洪水到来时，河水断流就是绝不可能发生的，水在 0℃以下的气温及正常气压条件下沸腾也是不可能的等一系列的内容。

3. 随机事件

即在一定的条件情况下有可能发生，也有可能不发生的事件。例如，掷硬币试验中，每掷一次，其正面（国徽面）有可能出现，也有可能不出现；黄河花园口水文站测流断面的年最大洪峰流量为 10 000 m^2/s，在某一年当中有可能发生，也有可能不发生等。这类事件共有的一个重要特性就是在事件未发生之前，其结果是无法准确预言的，或者说它的发生是带有一定可能性的。要定量地描述其出现可能性的大小，就引出了概率。所以说，随机事件是概率论中研究的主要对象。

（二）概率

简单地说，概率就是用来描述某一随机事件发生可能性大小的数量指标。

在概率论当中，常用大写字母 A、B、C、…表示随机事件，而用 $P(A)$、$P(B)$、$P(C)$、…表示各随机事件发生的概率。对于一些简单的随机事件，其概率可用下式计算：

$$P(A)=\frac{m}{n}$$

式中：

$P(A)$——在一定条件下随机事件 A 发生的概率；

n——在试验中所有可能出现的结果总数；

m——在试验中属于事件 A 的结果数。

常用的公式只适用于所谓的“古典概型事件”，即试验的所有可能结果都是等可能的，且试验中所有可能出现的结果总数是有限的简单随机事件。对于水文上的复杂随机事件而言，通常各事件出现的可能性不相等，并且试验所有可能出现的结果数 n 是无限的。因此，其出现的可能性大小无法用古典概型的概率来描述，这便引出了频率的概念。

二、频率

设随机事件 A 在 n 次随机试验中，实际出现了 m 次，则：

$$P(A)=\frac{m}{n}$$

随机事件 A 在 n 次试验中出现的频率，简称为频率。

实践证明，当试验次数 n 较少时，事件的频率很不稳定，有时大，有时小；但当试验次数无限增多时，事件的频率就逐渐趋于一个稳定值，这个稳定值便是事件发生的概率。如掷硬币试验，从理论上讲，正面（或反面）出现的概率为 0.5（即 $n=2$，$m=1$，代入式计算得）。而其频率却随试验的不同而有不同的值。

从研究中我们可以发现，随着试验次数 n 的增加，随机事件出现的频率也愈来愈接近事件发生的概率。随机事件频率的这种稳定性，已为大量的实践所证实，这是观察随机现象所得出的基本规律之一。因此，当试验次数足够多时，可以用频率来近似地代替概率。这一做法在水文统计中普遍应用。因为各种水文随机事件可能出现的结果总数是无限的，实际上只能根据一定数量的观测资料来计算它出现的频率，从而估计概率。

综上所述，频率和概率既有区别又有联系。概率是描述随机事件出现可能性大小的抽象数，是一个理论值；对于简单事件可事先确定，对于复杂事件则无法事先确定。频率是描述随机事件出现可能性大小的一个具体数，是一个经验值，随试验的不同而变化，但随试验次数的增多而逐渐稳定，并趋近概率。

三、重现期

由于频率是概率论中的一个概念，比较抽象，因此在水文分析计算中又常用“重现期”来代替频率表示随机事件出现的可能性（机会）大小。

所谓重现期，是指某随机事件在长期过程中平均多少年出现一次，称为“多少年一遇”，用字母 T 表示。

频率与重现期的关系，在不同的情况下有不同的表示方法。

必须指出，因为水文现象一般并无固定的周期，所谓“多少年一遇”，是指长期过程中的平均情况。如“百年一遇”，表示大于或等于某一级别的洪水平均 100 年出现一次，但并不意味着每隔 100 年就必须会遇上一次。此处着重强调的是长期过程中的平均情况，对于某个历史时段（如 1900—1999 年）具体的 100 年来说，等于或大于这个级别的洪水可能出现几次，也有可能一次都未出现。

第二节　随机变量及其频率分布

一、随机变量

将随机试验的结果用一个变量表示，其取值随每一次试验不同而不同，且每一个取值都对应一定的可能性（概率或频率），这种变量就称为随机变量。如水文上的某地年降水量，河流某断面的年最高水位或最大洪峰流量等。这些随机变量的取值都是一些数值，还有一些随机变量，其结果是事实型的。如掷硬币试验，其结果分别是“正面出现”或“反面出现”，对于此类随机变量，我们可以人为规定用一些确定的数值来代替事实，像用 1 代替“正面出现”，用 0 代替“反面出现”等。在数理统计中，常用大写字母表示随机变量，而用相应的小写字母表示其取值，如用 X 表示某随机变量，则其取值就可记为 x_i（i=1，2，…）。

另外，按照随机变量可能的取值情况，可分为离散型随机变量和连续型随机变量两种基本类型。离散型随机变量的一切可能取值为有限个或可列个，这些数值可以逐个写出来，并且相邻值之间不存在中间值。如掷骰子试验的结果用随机变量 X 表示，其取值 x_i 为 1，2，3，4，5，6 点。连续型随机变量可能取的数值不能一一列举出来，而是充满某一区间的值，即可以取得区间内的任何数值。水文上的许多变量都是连续型的，如年降水量、年径流量等。

综上所述，随机变量与其他普通数学变量的主要区别在于，它取什么值在试验之前是无法准确知道的，只有在随机试验发生以后才能确定，各个取值对应的概率（或频率）大小有些是相等的，有些是不相等的。

在数理统计中，把随机变量所有取值的全体称为总体。从总体中任意抽取的一部分称为样本。样本的项数称为样本容量。水文上的随机变量总体都是无限的，实际无法获得。例如某地的年降水量，其总体是指自古到今以至未来无限年代的所有年降水量，人类不可能全部观测得到。目前设站所观测到的几十年甚至上百年降水量资料，只不过是无限总体中的一小部分，是一个很有限的样本。此类例子在水文上比比皆是。因此，在水文分析计算中，遇到的都是样本资料。

总体和样本之间有一定的区别，但又有密切的联系。由于样本是总体中的一部分，因而样本的特征在一定程度上（或部分地）反映了总体的特征，故总体的规律可以借助样本的规律来逐步认识，这就是我们目前用已有水文资料来推估总体规律的依据。但样本毕竟只是总体中的一部分，当然不能完全用以代表总体的情况，其中存在一定的差别。这就要求我们不能仅仅依靠数理统计法来解决问题，还需结合成因分析法和地区综合法对水文现象的统计规律进行分析修正，使得结果更合理、可靠。随着科学技术的发展，随着资料和经验的积累，总体的规律将愈来愈为人们所认识。

二、随机变量的频率分布

随机变量在随机试验中可以取得所有可能值中的任何一个值，而且每一个取值都对应一定的概率，有的概率大，有的概率小，将随机变量各个取值与其概率之间的一一对应关系，称为随机变量概率分布或分布律。

连续型随机变量由于其可能取值有无限个，而且取个别值的概率趋近于零，因而无法研究取个别值的概率，只能研究在某个区间取值的概率分布规律。例如，某地的年降水量值在 600 ~ 700 mm，也就是说在此区间的雨量每年发生的机率最大，但是实际就某一具体数值而言（如 651.7 mm），发生的机率却很小，甚至不可能。因此，在水文上，对于连续型随机变量，除了研究某个区间值的概率分布外，更多的是研究随机变量 X 取值大于或等于某一数值的概率分布，即 $P(X \geqslant x_i)$。当然，有时也研究 X 的取值小于等于某一数值的概率，即 $P(X \leqslant x_i)$。而且二者可以相互转换，通常研究前者的比较多，如暴雨、洪水、年径流等。另外，在水文上遇到的都是样本资料，通常要用样本的频率分布规律去估计总体的概率分布规律。

三、随机变量的统计参数

随机变量的频率分布曲线比较完整地描述了随机变量的统计规律，但在许多实际问题中，很难确定随机变量的频率分布规律或者不一定要用完整的形式来说明随机变量的分布规律，这时就可以用一些统计参数（或数字特征）来描述随机变量频率分布的重要信息。

水文上常用的随机变量的统计参数有以下几个。

（一）算术平均数

算术平均数又称为均值，它表示样本系列的平均情况，反映系列总体水平的高低。例如，甲、乙两条河流的多年平均流量分别为 1 000 m^3/s 和 100 m^3/s，就说明甲河流域的水资源比乙河流域的丰富得多。

（二）均方差与变差系数

1. *均方差*

均值表示系列的平均水平。均方差则表示系列中各个值相对于均值的离散程度。当两个系列的均值相等时，它们各自的离散程度不一定相同。例如，有甲、乙两个系列，其值如下：甲系列为 5，10，15；乙系列为 2，10，18，虽然两个系列的均值相等，都是 10，但两个系列中各个取值相对于均值的离散程度显然是不同的，可以用均方差来反映。

均方差用 σ 表示，计算公式为

$$\sigma=\sqrt{\frac{\sum_{i=1}^{n}(x_i-\bar{x})^2}{n-1}}$$

式中：

x_i——系列中的第 i 项；

$\bar{x}$——系列的平均数；

n——系列的总数。

2. *变差系数*

均值相同的系列，可用均方差来比较它们的离散程度，进一步说明系列间的不同之处。但当系列的均值不相等时，就不能用均方差来进行比较，有时甚至说明不了问题。例如，有丙、丁两个系列，丙系列为 5，10，15；丁系列为 995，1 000，1 005。丙系列的均值为 10，丁系列的均值为 1 000，显然均值不等，可是计算它们各自的均方差得到丙的均方差为 5、丁的均方差为 5，这又说明了二者的离散程度是相同的。但由于均值相差悬殊，其离散情况的程度是不相同的。丙系列中最大值和最小值与均值的绝对差值都是 5，这相当于均值的 5/10；而丁系列中，最大值和最小值与均值之差的绝对值虽然也等于 5，但却只相当于均值的 5/1 000，在近似计算中，这种差别甚至已达到可以忽略不计的程度。

为了克服以均方差衡量系列离散程度的不足，水文统计中用均方差与均值的比值作为衡量系列相对离散程度的一个参数，称为变差系数或离差（势）系数。

对于均值相等的两个系列，可用均方差来比较它的离散程度的不同，而对于均值不等的系列，则需要用变差系数来说明它的离散程度的差异。在水文研究上通常会使用变差系数。

（三）偏差系数

偏差系数也称偏态系数。它是反映系列中各值在均值两侧分布是否对称或不对称（偏态）程度的一个参数。

四、抽样误差

对于水文现象而言，几乎所有水文变量的总体都是无限的，而目前掌握的资料仅仅是一个容量十分有限的样本，样本的分布不等于总体的分布。由样本的统计参数去估计总体的统计参数，总会存在一定的误差，这种误差是由随机抽样引起的，故称之为抽样误差。各种参数的抽样误差都是以均方差表示的，为了区别于其他误差称为均方误。

抽样误差的大小随抽取样本的不同而变化。由于水文变量的总体是无法获得的，故而抽样误差也无法直接计算，只能借助概率论来研究。

抽样误差的概率分布不同，各个统计参数的均方误计算公式也就不同。

根据数理统计的理论和实践经验，样本统计参数的抽样误差一般随样本的均方差、变差系数及偏差系数的增大而增大，随样本容量的增大而减小。一般来讲，样本系列愈长，抽样误差愈小，样本对总体的代表性也就愈好。反之，样本系列愈短，抽样误差愈大，样本对总体的代表性也就愈差。所以，在水文分析过程中，一般要求样本系列的容量有足够长度。

第三节　样本审查与相关分析

一、样本资料的审查

样本资料是统计分析的基础，它的特性将直接影响分析的结果。因此，在进行具体的分析计算之前，应首先做好样本资料的审查，要尽可能提高样本资料的质量，这是一个非常重要的环节。一般样本资料的质量主要反映在它的可靠性、一致性和代表性上，下面分别进行讨论。

（一）样本资料的可靠性审查与修正

所谓样本资料可靠性就是指样本资料的可靠程度，从一定意义上讲也就是样本资料是否存在种种较大的误差或错误。水文样本资料的来源主要是水文测验和水文调查的整编成果，如《水文年鉴》水文资料数据库、水文调查资料等，这些资料从整体上讲，经过各级水文部门的层层把关审查，应该说是可靠的。但是，正是由于经历了许多道工序和许多人之手，也就难免在某些环节上由于人为主观因素或客观因素造成资料的某些缺陷，尤其是在社会动乱时期更是如此。例如，有些站于中华人民共和国成立前和二十世纪六七十年代的资料存在的问题就比较多。另外，在较大洪水期间，由于水情变化迅猛、观测条件的客观限制，也会造成资料的缺陷等。因此，在统计分析之前，就应该对原始资料进行复核，对测验精度、资料整编成果等进行分析评价。如问题较大，应进行定量修正。例如对水位资料的审查，重点放在对基面和水准点以及各个水尺零点高程的考证上，检查有无变动及错误。特别是观测期间水尺断面变动以及由于水位变化而改换水尺观测时水位的衔接情况等，如查明水尺零点高程确有变动，应设法订正。

对流量资料的审查一般包括实测资料审查和调查资料审查。对实测流量资料的审查，重点应放在以下几个方面：对流速仪测流的成果，应注意流速仪检定情况以及施测时的工作条件；对于用浮标法测流的成果，应注意浮标系数的确定方法等。在流量资料整编方面，应注意分析测站历年的水位流量关系曲线的变化规律，各种因素对它的影响以及处理方法的合理性。另外，对流量成果应从上下游站的水量对照来分析成果的合理性。常用方法有：①上下游站洪水流量过程线对比分析，核查上下游站洪水总量是否符合水量平衡原理等；②上下游站日平均流量过程线重叠检查，分析过程线的变化是否相对应；③上下游站的年、月平均流量对比分析，按照水量平衡原理检查其合理性。

对调查流量资料的审查主要包括调查洪峰流量和调查枯水流量资料。对于调查洪水资料，重点应分析推求洪峰流量时依据的水位流量曲线高水延长部分是否合理以及各水力要素的确定是否可靠等。另外，对其出现的年份及大小排位情况也应进行审查。对于枯水流量的审查，重点应放在人类活动对枯水流量的影响上。

可靠性审查中发现的问题往往是由于人为因素或客观因素造成的误差或错误，种类可能比较多，因而修正的方法也多种多样，应结合资料的测、算、整、查等方面分别进行修正。

（二）样本资料的一致性审查与还原

所谓样本资料的一致性，是指样本资料前后是否在同一条件下产生。根据数理统计的基本原理，要求同一样本资料应在同一条件下产生，不能将不同性质、类型的资料选入同一样本。即整个样本资料的成因应该前后一致。在水文分析当中，样本一致性的好坏主要表现在人类活动对水文过程的影响上，集中体现在人类活动对流域下垫面条件的改变上。对于径流资料来说，其影响因素为气候条件和下垫面条件，一般气候条件在短期内不会有明显的变化，而下垫面条件在人类活动的干预下经常会发生较大变化，从而影响径流的形成机制。比如兴建水库前后、水土保持措施实施前后、河道整治前后、灌溉引水前后等情况下，河道径流都会有所改变。当样本资料系列的一致性受到破坏时，则应对变化后的资料进行合理的修正，消除人类活动的影响，还原到工程建成前的同一基础上。

由于人类活动对径流的影响十分复杂，而实际资料又很少，所以现有的还原计算方法都比较粗略。例如，年径流量还原计算常用水量平衡法、流域模型法、降雨径流相关法等。

对众多中小型水利工程和流域面上的水土保持措施的影响，可通过试验资料或工程前后资料的对比分析来确定工程措施的影响，并对资料做适当的还原计算。但由于中小型工程量大，分布广，建成时间早晚不一，因此在实际工作中还原计算比较复杂，应参考有关书籍。

泥沙资料在人类活动的影响下也经常会出现一致性不好的问题。例如，在流域坡面上修建梯田、植树种草，在小支流河道上修建淤地坝等水土保持工程对泥沙的产生和输送有很大的影响，因此泥沙资料同样也存在还原问题。

另外，限于资料条件，还原计算只是一种估算，其结果不可能非常精确，甚至会出现矛盾和不合理的地方，必须进行合理性检查。检查的方法很多，如用几种方法的还原成果相互比较分析，用径流量地区分布规律对还原成果进行合理性检查等。

（三）样本资料的代表性审查与展延

1. 样本资料的代表性审查

所谓样本资料的代表性，是指样本的统计特性（如统计参数）能否很好地反映总体的统计特性。通常我们说某样本系列的代表性好，是指样本的统计参数与总体的统计参数数值相近，或者是抽样误差小。

对于水文样本资料，要衡量其代表性的好坏，由于总体是未知的，故而无法从样本资料系列本身进行评价。但根据抽样误差的变化规律，一般样本容量愈大，抽样误差就愈小，也就表明样本的代表性愈高。而在实际工作中样本容量到底多大时代表性才好，这是不易确定的。因此，样本资料的代表性审查，通常可由其他长系列的参证资料做对比分析推论，方法如下：如对年径流样本系列，可选择与本站（以下称为设计站）实测年径流系列在成因上有联系，且本身可靠性、一致性较好，具有相对更长资料系列 N 年的参证变量，如邻近地区某站的年径流量或年降水量等。分别用矩法公式计算参证变量长系列 N 年的统计参数以及与设计站 n 年资料同期的短系列的统计参数。假若两组统计参数比较接近，就可认为参证变量 n 年的短系列对 N 年的长系列具有较好的代表性，从而推出设计站 n 年的年径流量系列也具有较好的代表性。如果参证站长短系列的统计参数相差较大（一般相对差值超过 10%），则表明短系列的代表性不好，同时可认为设计站 n 年的年径流量系列代表性也较差。

2. 样本资料的展延

如果经过分析审查，样本资料对总体的代表性较差，这时就要设法将样本资料系列扩展延长，以提高系列的代表性。另外，有时在实测资料中也存在某些年份或时段由于人为因素或客观因素造成资料缺测、漏测，使得样本资料系列不连续等。这些问题都可以采用水文统计中的相关分析法进行研究解决。因此，相关分析法在水文上的应用比较广泛，其主要目的在于通过分析水文变量之间的关系，进而用相关直线、相关曲线（或与其相应的数学关系式）来描述这种关系，并以此对样本资料系列进行插补或延长，以达到提高样本系列代表性的目的。

二、相关分析

（一）相关分析的基本概念

相关分析是水文统计中的一种基本方法，有时也称回归分析法，两者之间并无很大的差别，只是在某些情况下，有人认为相关分析是侧重于研究随机变量之间的关系密切程度大小的一种方法，而回归分析则主要是用统计方法寻求一个数学公式来描述变量间的关系。两者在工程水文中一般不加区别，而且多采用相关分析法的名称。

通常水文变量之间的关系表现为不确定性，假如将两个相关变量相应的点点绘成图，则点群的分布常表现为有规律的带状分布。即点群分布虽然不在一条线上，但也不是杂乱无章、无序可循，这种关系在相关分析中称为相关关系。按其点群分布趋势可分为直线和曲线两种类型，分别称为直线相关和曲线相关。

同样，多个水文变量之间也有可能存在相关关系。一般将两个变量的相关称简单相关，多个变量的相关称复相关。在利用相关分析插补延长资料时遇到最多的是简单直线相关，因此这里主要介绍简单直线相关。

（二）简单直线相关

简单直线相关即两个变量间的直线相关。设两个水文变量 x，y 的同步（期）观测资料系列有 n 对（x_i，y_i），i=1，2，…n。以变量 x 为横坐标，变量 y 为纵坐标，将相关点（x_i，y_i）点绘到方格纸上，根据点的分布情况判断是否属直线相关，如果呈直线相关，则用图解法或计算法求出两个变量的直线关系式：

$$y=a+bx$$

式中，a，b 为待定系数。a 表示直线在纵轴上的截距，b 表示直线的斜率，可分别用图解法和计算法求出。

1. 相关图解法

将相关点（x_i，y_i）点绘到方格纸上，如果相关点群分布集中，就可以目估过点群中心定相关直线，并以经过均值点（$\bar{x},\bar{y}$）为控制，使相关点均匀分布在相关直线的两侧，且尽量使两侧点据的纵向离差和Σ（$+\Delta y_i$）与Σ（$-\Delta y_i$）绝对值都最小。对于个别突出点应单独分析，查明偏离原因，予以适当考虑。

相关直线定好后，便可图解出相关直线的斜率 b 和直线在纵轴上的截距 a，此时注意截距 a 应是坐标原点为（0，0）的坐标系中纵轴上的截距。

2. 相关计算法

相关图解法虽然简单明了，但有时用目估定线可能会带来较大的偏差。比如在相关点较少或者分布较散时，目估定线往往有较大的偏差，所以实用上也常用相关计算法。它和图解法的主要区别是，根据实测同步资料用数学公式计算求得直线方程中的参数 a 和 b，从而得到相关直线，用以插补、延长资料。

第四节　频率计算

一、概述

频率计算是水文统计中最常用的方法之一。其实质内容就是在资料审查的基础上，由水文样本资料系列的频率分布（或统计参数）去估计总体的概率分布（或统计参数），并以此对河流未来的水文情势做出较为科学的预估，为水利工程的规划设计、施工和管理运用提供合理的水文数据。

二、经验频率曲线

（一）经验频率曲线的概念

所谓经验频率曲线，是根据某水文要素（随机变量）的实测样本资料系列 x_i（i=1，2，…n），将其由大到小排序，计算排序后各值对应的累积频率，在专用的频率格纸上点绘经验点，目估过点群中心绘制的累积频率分布曲线。其绘制步骤如下：①将样本资料系列由大到小排序；②计算各值的经验频率（累积频率）；③在频率格纸上点绘经验点；④目估过点群中心绘制经验频率曲线。

（二）经验频率计算

根据频率的定义式计算：

$$p=\frac{m}{n}\times 100\%$$

式中：

p——随机变量取值大于或等于某值出现的累积频率；

m——系列按从大到小排序时，各值对应的序号；

n——样本系列的容量。

若用公式计算，当 $m=n$ 时，则 $p=100\%$，即表示随机变量取值大于或等于样本中最小值的出现是必然事件，或者也可以说样本的最小值一定是总体的最小值。这显然是不合乎实际的，因此用公式计算经验频率对总体是适合的，但对于样本是不适合的。

根据数学期望公式计算：

$$p=\frac{m}{n+1}\times 100\%$$

该公式中的符号含义和上一公式完全相同，形式也很简单，而且在水文统计中有一定的理论依据，计算结果比较符合实际情况，这是水文分析计算中最常用的经验频率计算公式。

（三）经验频率曲线的绘制

首先介绍频率格纸，它是水文分析计算中绘制频率曲线的一种专用格纸，其纵坐标为均匀分格（有时也用对数分格），表示随机变量取值；横坐标为不均匀分格，表示累积频率（%）。在这种频率格纸上绘制频率曲线，两端的坡度比在普通方格纸上绘制大大变缓，对曲线的外延是较为有利的。

计算出各数值对应的经验频率后，在频率格纸上点绘经验点，目估过点群中心绘制一条光滑的频率曲线，即经验频率曲线。有了经验频率曲线，就可以在线上查出某一频率所对应的随机变量值。

（四）经验频率曲线在应用中存在的问题

由于经验频率曲线是目估过点群中心绘制的，因此曲线的形状会因人而异，尤其在经验点分布较散时更是如此。这样，由一定的频率在曲线上查得的随机变量取值就会有所不同。另外，由于样本系列长度有限，通常 $n<100$ 年，据此绘出的经验频率曲线往往不能满足工程设计的需要。如水利工程设计洪水的频率可小至 1%、0.1%、0.01% 等，一般在经验频率曲线上查不出相应的频率值。若将曲线延长，则因无点子控制任意性更大，会直接影响设计成果的正确性。另外，经验频率曲线仅为一条曲线，在分析水文统计规律的地区分布规律时很难进行地区综合。正是由于以上原因，经验频率曲线在实用上受到了一定的限制。为了克服经验频率曲线的上述缺点，使设计成果标准统一，便于综合比较，在实际工作中常常采用数理统计中已知的频率曲线来拟合经验点，人们习惯上称这种曲线为理论频率曲线。

三、理论频率曲线

目前，水文计算中所谓的“理论频率曲线”是指具有一定数学方程的频率曲线。

它并不是从水文现象的物理成因方面推导出来的，而是根据大量实测资料的分布趋势从数学中的已知频率曲线中挑选出来的。因此，它不能从根本上揭示水文现象的总体分布规律，只是作为一种数学工具，以弥补经验频率曲线的不足。

数学上有很多类型的频率曲线，严格地讲是概率分布曲线，而且各种曲线均有自己的数学方程，一般表示为：

$$P=F(X) \text{ 或 } F(X)=p(X \geqslant x_i)$$

式中，$F(X)$ 称为概率分布函数，简称为分布函数。

究竟哪一条可以应用到水文上，主要是看该曲线的形状与水文变量的分布规律是否吻合，按此原则，我国水文界应用最为广泛的为皮尔逊Ⅲ型曲线，有的单位偶尔也采用苏联水文计算中常用的克里茨基—闵凯里曲线。

四、现行频率计算方法——适线法

根据前面的叙述可知，提出理论频率曲线的主要目的是解决经验频率曲线的外延和地区综合问题。而我国水文界目前普遍选用的理论频率曲线为P-Ⅲ型曲线，它是由三个统计参数（均值、变差系数、偏差系数）决定的。三个参数从理论上讲应是相应总体的统计参数，但水文变量的总体是无法知道的，通常只能由样本资料用一定的方法（如矩法公式、三点法等）求出三个统计参数，而样本统计参数都具有抽样误差，有时还存在系统偏差，使得它和总体的统计参数有一定的差别，从而就决定了样本统计参数相对应的P-Ⅲ型曲线不能很好地反映总体的分布规律。实际上我们常常需要调整样本的统计参数，尽可能减少其抽样误差和系统偏差，并用其相应的P-Ⅲ型曲线来拟合样本的经验点，直至两者配合最佳为止，这个过程在水文上被称为适线法。其实质也可以看成由样本统计参数去估计总体的统计参数。

第五章　水质评价

第一节　河流水质评价

一、水质评价

水质评价或称水环境质量评价，是根据不同的要求，按一定的原则和方法，将水质调查、监测资料与相应的水体质量标准进行比较，对某一地区的水体质量进行合理划分，定出等级或类型，并按污染的性质和浓度划出不同的污染区。评价的目的在于准确地反映水体环境质量或污染情况的现状，指出将来发展的趋势，为规划和管理水体环境，保护水体，防治污染提供信息。因此，水质评价是水环境保护工作中的一项重要内容。

水质评价建立在对水环境污染现状的调查及监测研究的基础上，按照一定的目的和要求，总结环境污染的实际情况，分析其内部规律，并加以评价分类。所以它是环境污染调查、监测的总结部分。

水质评价一般包括现状评价和预断评价。现状评价是确定水体污染的实况，为防治污染提供方便。预断评价是对将来可能形成或进一步发展的污染预先做出估价，是水质规划和工程设计的依据。

水质标准是由政府颁布的一系列指标，目的在于保证正常生产和生活的用水质量，以及保护自然生态环境。为了做好水质管理工作，必须制定合理的水质标准。任何天然水体，一般来说对污染物质都具有一定的自净化能力，有些物质适量地存在于水中，也不会产生不良影响。因此，近年来人们普遍认识到保护水体的目标应该是使受污染的水体恢复到符合人们需要的最有利的用途。对于饮用水、农业、渔业或工业给水及旅游、娱乐用水等都应视当地的具体情况制定不同的地区用水标准。对不同用途的水库或河段应有不同的、相应的质量要求，制定出合理的水质标准。

在防治水体污染的范围内，各国水质标准大致可分为水环境质量标准、水污染控制物排放标准等。

（一）水环境质量标准

这是为控制和消除污染物对河流水质的污染，根据水环境总目标和近期目标而提出的。对各类不同用途的水质要求如下。

1. 地面水水质卫生要求及地面水中有害物质最高浓度

《工业企业设计卫生标准》中作了规定，这些规定的作用在于监测工业废水和生活废水对地面水（江、河、湖、库）的污染情况，保证地面水感官性状良好，不传染病毒，不影响水体的正常自净过程和鱼类生活。

2. 生活用水水质

对于生活用水的水质标准，首先，考虑流行病学上安全可靠，即要求饮用水中不含各种病原细菌及寄生虫卵，以预防疾病的传播；其次，化学组成上对肌体无害，即要求水中所含有害或有毒物质的浓度对人体健康不会产生有害或不良影响；再次，感官性状良好，即要求对人体的感官无不良刺激。

3. 工业用水水质标准

工业用水大致分为三类，相应制定了不同的水质标准。冷却用水，主要应用于各种设备的冷凝器里，要求防止在器壁上产生水垢或附着其他物质及免受侵蚀；锅炉用水，要求尽可能不含悬浮物质，硬度及溶解氧含量也应较低；生产技术用水，主要用于产品生产过程的处理、清洗和原料等用水，由于产品性质和工艺过程不同，对水质的要求也各不相同。

4. 农田灌溉水质标准

灌溉用水除了取决于本身的化学成分，同时还与地区的气候特征、土壤含盐及其种类、土壤的渗透性、作物类别、灌溉制度及排水设施等因素有关。水中氮、磷、钾的含量越高，对作物越有利，但它们之间的比例应适当。

实践证明，污水灌溉虽具净化污水、提供肥料的好处，但同时也会出现环境卫生条件变差、土壤盐碱化、污染土壤的问题，我国对城市污水灌溉农田也制定了水质标准。

5. 渔业水质标准

要求保证与鱼类生活有关的溶解氧和氮、磷、硅等营养物质的含量、控制有毒物质的污染，防止水体富营养化。

（二）水污染物控制排放标准

为了达到水环境质量标准，限制污水排放是主要手段。我国已制定了工业“废水”排放标准。对于能在环境或植物体内蓄积，对人体健康产生长远影响的有害物质，在车间或车间处理设备排出口应符合“工业废水最高容许排放浓度”的要求。对于其长远影响小于上述有害物质者，在工厂排出口的水质应符合“工业废水最高容许排放浓度”的规定。工业废水和生活污水应该经必要的处理才能排入地面水体，当其排入地面水体后，下游最近用水点（一般为排出口下游最近的城镇取水点上游1 000 m断面处）的水质应符合“地面水水质卫生要求”，并低于地面水中有害物质的最高允许浓度。在城镇取水点的上游 1 000 m 及下游 100 m 的范围内，不得排入工业废水和生活污水。

从工业废水最高允许排放浓度可知，现行工业废水排放标准有一定缺陷，没有规定污染物排放的数量。因此，一些厂矿企业可能用清水稀释排放，造成表面达到标准，实则既浪费资源，又增加了污染量。尤其对重金属污染，稀释是不起作用的；没有考虑污染源的多少，因此可能造成各单个排放口都满足浓度标准，但总体不能满足水环境标准；没有考虑地区和河流的特点提出不同的排放标准。

所谓总量控制是由水环境质量标准求得河流水环境容量，从而确定控制水污染物排放标准的方法。其表达方式是以污染物浓度与污水量的乘积或纯污染物总量，由于总量控制考虑从河流的污染特征、自净能力来推求河段各排放口容量，从而确定各厂矿的排污控制要求，因而具有明显的科学性和优越性。

浓度控制标准还涉及采用计算河流流量标准问题，一般认为计算排放标准的河流安全流量可采用频率为 5%（20 年一遇）的枯水，有水文站的河段可选择近 10 年来最枯月（或最枯连续 7 天）平均流量的实测资料。

二、河流水质评价

河流水质评价是根据不同的目的和要求，按一定的原则和方法进行的。河流水质评价主要是评价江河的污染程度，划分其污染等级，确定其污染类型，以便准确显示江河的污染程度及将来的发展趋势，为水源保护提供方向性、原则性的方案和依据。

河流水质评价的基本要求就是要搞清河流主要污染物的运动变化规律。因此，在时间上需要掌握不同时期、不同季节污染物的动态变化规律，在空间上需要掌握河流不同河段、上游与下游不同部位的环境变化规律以及质量变化的对比性。只有了解和掌握了这些基本规律，才能使河流水质评价具有典型性和代表性，才能准确地反映不同河流水质的基本特征。

（一）河流水质评价基本流程

（1）水体环境背景值调查。在未受人为污染影响的情况下，确定水体在自然发展过程中原有的化学组成。因目前难以找到绝对不受污染影响的水体，所以测得的水环境背景值实际上是一个相对值，可以作为判别水体受污染影响程度的参考指标。

（2）污染源调查评价。污染源是影响水质的重要因素，通过污染源调查与评价，可确定水体的主要污染物质，从而确定水质监测及评价项目。

（3）水质监测。根据水质调查和污染源评价结论，结合水质评价目的、评价水体的特点和影响水体水质的重要污染物质，制定水质监测方案，进行取样分析，获取进行水质评价特有的水质监测数据。

（4）确定评价标准。水质标准是水质评价的准则和依据。对于同一水体，采用不同的方法会得出不同的评价结果，甚至对水质是否污染的结论也不同。因此，应根据评价水体的用途和评价目的选择相应的评价标准。

（5）按照一定的评价方法进行评价。

（6）评价结论。根据计算结果进行水质优劣分级，提出评价结论。为了更直观地反映水质状况，可绘制水质图。

（二）评价因子的选择

河流水质因子的选择应根据评价目的的需要进行，通常有三种方法：一是根据河流水质评价要求，二是根据污染源评价结论，三是根据试验条件。河流水质评价因子包括河流水质、底质和水生生物。一般应选择在河流水体中起主要作用的，对环境、生物、人体及社会经济危害大的参数作为主要的评价因子。河流水质评价一般应包括以下参数：水温、pH 值、悬浮物、挥发酚、氰化物、砷、汞、六价铬、镉、粪大肠菌群等。由于每条河流的污染物质各不相同，参数亦可增可减。

（三）评价标准选择

根据目的要求选择合适的评价标准也是重要的一环。水质评价标准必须以国家颁布的有关水质标准为基础。随着水环境保护事业的发展，我国相继制定颁布了一系列水质标准，如地面水卫生标准、渔业卫生标准、灌溉卫生标准、环境标准、毒性标准、经济指标等为水质评价工作的顺利开展提供了较完备的标准体系。由于水环境问题的复杂性，以及随着经济的发展和科学技术的进步，新的水环境问题也会不断出现，现有评价标准体系中没有包括的水质项目也可能需要进行评价，在进行必要的科学分析对比前提下可以参考国外有关水质标准。

（四）河流水质评价方法

水质评价历史悠久，早期的水质评价方法主要是根据水的色、味、嗅、浑浊等感官性状做定性描述，概念比较含糊。随着科技水平的不断提高，人们对水体的物理、化学和生物性状有了深入的认识，随之发展了多种水环境评价方法。按选取评价项目的多少可分为单因子评价法和综合评价法。由于单因子评价法采取最差项目赋全权的做法，可以明确显示水质问题所在，直接了解水质状况与评价标准之间的关系，有利于提出针对性的水环境治理措施。因此，单因子评价法是最普遍使用的评价方法。

单因子评价法无法给出水环境质量的综合状况。为了克服该方法的不足，国内外水质专家提出了各种综合指标评价方法。所谓综合指标评价方法，就是基于数个水质参数计算出的表征水体水质综合状况的一个数值或分值，这个数值或分值称为水质指数。如国内在 1974—1975 年对北京官厅水库水系评价时提出的综合污染指数、

1975 年北京西郊环境质量评价中采用的水质质量指数等，国外有内梅罗指数、罗斯水质指数等。因此，下面将选择单因子评价法及比较实用且还在继续应用的具有代表性的水质综合评价方法进行介绍。

1. 单因子评价法

单因子评价法即将各参数浓度代表值与评价标准逐项对比，以单项评价最差项目的类别作为水质类别。单因子评价法是目前使用最多的水质评价法，该法简单明了，可直接了解水质状况与评价标准之间的关系，可给出各评价因子的达标率、超标率和超标倍数等特征值。

2. 综合评价法

综合评价方法很多，其主要特点是用各种污染物的相对污染指数进行数学上的归纳和统计，而得出一个较简单的代表水体污染程度的数值。综合评价法能了解多个水质参数与相应标准之间的综合相对关系，但有时也掩盖了高浓度的影响。

第二节　江河水质评价

在一定的水体中，生物群落及其环境构成一个有机整体。当水体受到污染时，生物的种类、数量、生物群落的组合和结构都会发生变化，故生物和生物群落常可综合指示环境特征与质量。因此，生物在环境评价中有其特殊意义，它所指示的是一段时间内的环境质量，是对污染状况的连续性、积累性的反映，与其他影响评价相比，生物评价更具有代表性和准确性，也是其他评价方法不可取代的。江河生物学评价一般有以下几种方法。

一、生物指数法

生物指数法的原理是依据不利环境因素，如水中各种污染物对生物群落结构的影响，用数学形式表现群落结构，来指示水质变化对生物群落的生态学效应。由污染引起的水质变化对生物群落的生态效应主要有以下六个方面：①某些对污染有指示价值的生物种类出现或消失，导致群落结构种类的组成发生变化。②群落中的生物种类数在水污染严重时减少，而在水质较好时增加，但在过于清洁的水中，因食物缺乏，生物种类数也会减少。③组成群落的个别种群变化（如种群数量变化等）。④群落中种类组成比例的变化。⑤自养—异养程度的变化。⑥生产力的变化。

目前有多种生物评价指数，但每种指数仅能反映上述几个方面的信息，所以最好选用几种不同生物指数进行综合评价。常用的生物指数法有以下几种。

（一）Beck 指数

按底栖大型无脊椎动物对有机污染的耐性分成两类，Ⅰ类是不耐有机污染的种类，Ⅱ类是能耐中等程度的污染但非完全缺氧条件的种类。将一个调查地点内Ⅰ类和Ⅱ类动物种类数量 $n_{Ⅰ}$ 和 $n_{Ⅱ}$，按 $I=2n_{Ⅰ}+n_{Ⅱ}$ 公式计算生物指数。此法要求调查各测站的环境因素（如水深、流速、底质、水草有无等）尽量一致，Beck 指数在净水中为 10 以上，中等污染时为 1 ~ 10，重污染时为 0。

（二）硅藻类生物指数

硅藻类生物指数是指用河流中硅藻的种类数计算的生物指数，其计算公式为：

$$I=\frac{2A+B-2C}{A+B-C}$$

式中，A 为不耐有机污染的种类数；B 为对有机污染物无特殊反映的种类数；C 为有机污染地区独能生存的种类数。

（三）颤蚓类与全部底栖动物相比的生物指数

用颤蚓类与全部底栖动物个体数量的比例作为生物指数。

$$\text{生物指数}=\frac{\text{颤蚓类个体数}}{\text{底栖动物个体数}}\times 100\%$$

（四）水昆虫与寡毛类湿重的比值

有科学家提出用水昆虫与寡毛类湿重的比值作为生物指数评价水质。此种方法无须将生物鉴定到种，仅将底栖动物中昆虫和寡毛类检出，分别称重按下式计算：

$$\text{生物指数（生物比重）}=\frac{\text{昆虫湿重}}{\text{寡毛类湿重}}$$

此指数值越小，表示污染越严重；反之，此值越大，表示水质越清洁。其变动范围从严重污染区的 0 到恢复区的 612。

二、种的多样性指数

种的多样性包括群落中的种类数及种类个体数分布两个概念。标准的自然生物群落通常由少数具有许多个体的种类和多数具有少量个体的种类组成。环境污染会导致水体中生物群落内总的生物种类数下降，那些能忍受污染环境的生物种类由于减少了竞争对手，个体数往往会增加。多样性指数在水质监测和评价上概括了群落结构的信息，形成了数值表现形式，为生物学评价水质提供了一种崭新的途径。

三、水质污染的微生物指标

微生物与区域环境相互作用、相互影响。不同的区域环境中生存着不同的微生物种群，它们的形成具有相对的稳定性。当区域环境发生改变时，微生物种群也随之发生演变，以适应新的环境。因此，微生物的数量和种群组成可作为水体质量综合评价的指标。另外，微生物在水体中既是污染因子，又是净化因子，是水生生态系统中不可缺少的分解者。

第三节　湖泊水质评价

一、湖泊环境概述

湖泊是被陆地围着的大片水域。湖泊是由湖盆、湖水和湖中所含有的一切物质组成的统一体，是一个综合生态系统。湖泊水域广阔，贮水量大。它可作为供水水源地，用于生活用水、工业用水、农业灌溉用水；也可作为水产养殖基地，提供大量的鱼虾以及重要的水生植物和其他贵重的水产品，丰富人们的生活，增加国民收入。湖泊总是和河流相连，组成水上交通网，成为交通运输的重要道路，对湖泊流域内的物质交流、经济繁荣起促进作用。它还可作为风景游览区、避暑胜地、疗养基地等。总之，它具有多种用途，湖泊的综合利用在国民经济中具有重要地位。

我国幅员辽阔，是一个多湖泊的国家，天然湖泊遍布全国各地，星罗棋布。面积在 1 km^2 以上的湖泊有 2 800 多个，总面积为 8 万多 km^2，约占全国陆地面积的 0.8%。面积大于 50 km^2 的大、中型湖泊有 231 个，占湖泊总面积的 80% 左右。

湖泊在国民经济中发挥作用的同时也受到人类的污染。湖泊的污染途径主要有以下几种。

河流和沟渠与湖泊相通，受污染的河水、渠水流入湖泊。湖泊附近工矿企业的工业污水和城镇生活污水直接排入湖泊。湖区周围农田、果园土地中的化肥、农药残留量和其他污染物质可随农业回水和降雨径流进入湖泊。大气中的污染物由湖面降水清洗注入湖泊。此外，湖泊中来往船只的排污及养殖投饵等，亦是湖泊污染物的重要来源。

如此多的污染源，使得湖泊中的污染物质种类繁多。它既有河水中的污染物、大气中的污染物，又有土壤中的污染物，几乎集中了环境中所有的污染物。

从湖泊水文水质的一般特征来看，湖泊中的水流速度很慢，流入湖泊中的河水在湖泊中停留时间较长，一般可达数月甚至数年。由于水在湖泊中停留时间较长，湖泊一般属于静水环境，这使湖泊中的化学和生物学过程保持一个比较稳定的状态，可用稳态的数学模型描述。由于静水环境，进入湖泊的营养物质在其中不断积累，致使湖泊中的水质发生富营养化。进入湖泊的河水多输入大量颗粒物和溶解物质，颗粒物质沉积在湖泊底部，营养物使水中的藻类大量繁殖，藻类的繁殖使湖泊中其他生物产率越来越高。有机体和藻类的尸体堆积湖底，它和沉积物一起使湖水深度越来越浅，最后变为沼泽。

根据湖泊水中营养物质含量的多少，可把湖泊分为富营养型和贫营养型。贫营养湖泊水中营养物质少，生物有机体的数量少，生物产量低。湖泊水中溶解氧含量高，水质澄清。富营养湖泊中生物产量高，它们的尸体需要耗氧分解，造成湖水中溶解氧下降，水质变坏。

湖泊的边缘至中心，由于水深不同而产生明显的水生生物分层，在湖深的铅直方向上还存在水温和水质的分层。随着一年四季的气温变化，湖泊水温的铅直分布也呈有规律的变化。夏季的气温高，湖泊表层的水温也高。由于湖泊水流缓慢处于静水环境，表层的热量只能由扩散向下传递，因而形成了表层水温高、深层水温低的铅直分布，整个湖泊处于稳定状态。到了秋末冬初，由于气温的急剧下降，湖泊表层水温亦急剧下降，水的密度增大，当表层水密度比底层水密度大时，会出现表层水下沉，导致上下层水的对流。湖泊的这种现象称为“翻池”。翻池的结果使水温水质在水深方向上分布均匀。翻池现象在春末夏初也可能发生。水库和湖泊类似，同样具有上述特征。

二、湖泊水环境质量评价

对湖泊环境质量现状评价主要包括水质评价、底质评价等几个方面。

（一）水质评价

湖泊（包括水库）水质评价中，对水质监测有相应要求。监测点的布设应使监测水样具有代表性，数量又不能过多，以免监测工作量过大。因此，应在下列区域设置采样点：河流、沟渠入湖的河道口，湖水流出的出湖口，湖泊进水区、出水区、深水区、浅水区、渔业保护区、捕捞区、湖心区、岸边区，水源取水处、排污处（如岸边工厂排污口）。预计污染严重的区域采样点应布置得密些，清洁水域相应地稀些。不同污染程度、不同水域面积的湖泊，其采样点的数目也不应相同。

湖泊水质监测项目的选择主要根据污染源调查情况、湖泊的利用范围、评价目的而确定。《环境影响评价导则与标准》中提供了按行业编制的特征水质参数表，根据建设项目特点、水域类别及评价等级选定，选择时可适当删减。一般情况下，可选择 pH 值、溶解氧、化学耗氧量、生化需氧量、悬浮物、大肠杆菌、氮、磷、挥发酚、氰、汞、铬、镉、砷等，根据不同情况可适当增减监测项目。在采样时间和次数上，可根据评价等级的要求安排。监测应在有代表性的水文气象和污染排放正常情况下进行。若想获得水质的年平均浓度，必须在一年内进行多次监测，至少应在枯、平、丰水期都进行监测。

在水质评价标准的选择上，应根据湖泊的用处和评价目的选用相应的地表水环境质量标准。目前，国内外多采用分级叠加法和污染指数法等湖泊水质评价方法。污染指数具有概念明确、计算简便和可比性强等优点，其计算方法与河流水质污染指数法相同。

（二）底质评价

底质监测点的布置位置应与水质监测点的布点位置相一致，采样也应与水质采样同时进行，以便于底质和水质的监测资料相互对照。底质监测项目，参照污染源调查中易沉积湖底的污染物质，结合水质调查的污染因子进行确定。

在底质评价标准的选择上，我国还没有湖泊底质评价标准，这给评价带来了困难。通常以没受污染或少受污染湖泊的底质的污染物质自然含量作为评价标准，这种自然含量是以平均值加减两倍的标准差来确定的。根据各采样点的综合污染指数，可绘制出湖泊底质的综合污染指数等值线图以及底质污染程度分级的水域分布图。然后用污染程度分级的面积加权法，求出全湖泊平均的底质污染分级。

第四节　地下水质评价

地下水资源既是水资源的重要组成部分，又是构成生态环境的重要因素，在经济社会可持续发展中具有重要的地位。随着社会经济的发展，人民生活水平的提高，对地下水资源的要求亦越来越高。然而，由于人类对生产、生活所产生的固体、气体和液体废物处置不当，从不同途径对地下水环境造成的污染越来越严重，有些地区地下水污染已到了相当严重的程度，对人类的正常生存造成了很大的威胁。因而，要全面、客观、真实地反映我国地下水饮用水源地的水质状况，就必须对地下水进行水质评价，进而为控制地下水污染、保证地下水水质提供依据与规范。

一、地下水污染

地下水污染是指人类活动使地下水的物理、化学和生物性质发生改变，因而限制或妨碍地下水在各个方面的应用。

地下水污染源的划分方法有很多，在地下水环境质量评价中常用的方法是按产生污染物类型来划分，如工业污染源、生活污染源、农业污染源等。另外，还有通过矿井、坑道、岩溶注入地下水的采矿排水，以及在石油勘探与开采中，使石油由地下深处进入浅部含水层，或因输油管道破裂均会造成地下水污染。在沿海地区，开采地下水可能引起海水入侵而使地下水中氯离子的含量增高，矿化度上升。

地下水污染类型一般按物质成分及其对人体的影响划分为地下水的细菌污染与

化学污染两大类，也有人把地下水的热污染单独划分一类，而成为三种类型。细菌污染和热污染的时间与范围均有限，而化学污染则常具有区域性的分布特点，时间上长期稳定，难以消除。

（一）地下水的细菌污染

世界上曾由于地下水细菌污染而多次爆发严重的传染病（肠胃系统）流行事件。这种污染是指水中出现了病原菌。判断水是否遭到病菌污染的主要方法是确定大肠杆菌在水中的数量。按现行卫生标准，1 L 水中大肠菌群的数量（菌度）不超过 3 个即为净水。此外，细菌总数在 1 mL 水中不超过 100 个，游离性余氯在接触 30 min 后不低于 0.3 mg/L（对于集中式供水管网末梢水的游离性余氯还应不低于 0.05 mg/L）的水也称为净水。

因为病原菌在地下水中的生存时间有限，所以细菌污染扩散面积不大，多数情况下，细菌污染的含水层部位都很浅，故常常只是浅水受到污染。

（二）地下水的化学污染

化学污染是指地下水中出现新的污染组分或已有的活性组分含量增加。地下水的化学污染对人体健康会造成直接的（导致人体中毒或疾病）或间接的（水的气味、味道、颜色等不适于饮用）影响。特别是污染物在运移过程中不能自净时就会长期存在于地下水中，给人们带来较大的危害。

（三）地下水的热污染

热污染是指工业企业或热电站的冷却循环热水进入地下水而引起的污染。一般认为，热水进入含水层后会形成固定的增温带，破坏了原有的水热动力平衡状态。遭到热污染的地下水浸入地表水后，使水温增高。试验表明，当地表水水温增至 27℃ ~ 30℃时，水生植物迅速增长，水中分解氧大量减少，致使水生生物因缺氧而死亡。

三种类型的污染有时会相伴发生。例如，由工业“三废”所造成的地下水化学污染，有时与城镇居民点、城市生活小区的生活污水导致地下水的细菌污染结合起来，两种污染并存。生活污水除细菌污染外，还可以造成持久的地下水化学污染，因为它们含有大量的表面活性物质。在工业企业地区，降水冲刷溶解地面废渣形成的固体污染物质以及地面废水都可渗入含水层而污染地下水。

地下水水源地的水质受天然水化学特征和人为影响的双重影响，在水质评价中，应区别对待这两类问题。评价的关键之一是地下水水质评价指标和水质标准的选取，不同的评价指标和水质标准直接影响评价结果。水源地水质状况按照不同水质类别的水源地数量来评价。按照地下水质量标准，依据我国地下水水质现状、人体健康基准值与地下水质量保护目标，参照生活饮用水、工业用水与农业用水水质要求可做如下分类。

Ⅰ类：主要反映地下水化学组分的天然低背景含量，适用于各种用途。

Ⅱ类：主要反映地下水化学组分的天然背景含量，适用于各种用途。

Ⅲ类：以人体健康基准值为依据，主要适用于集中式生活饮用水水源及工业、农业用水。

Ⅳ类：以农业和工业用水要求为依据，除适用于农业和部分工业用水外，适当处理后可作为生活饮用水。

Ⅴ类：不宜饮用，其他用水可根据使用目的选用。

二、地下水的水质监测

为了及时了解地下水水质状况，防止地下水水质污染，要定期进行地下水水质监测。地下水水质监测工作是环境监测工作的一部分。对地下水污染监测的目的是查明地下水的污染状况，掌握地下水污染的变化趋势，进行水质污染预报。

（一）监测点网布置原则

监测点网的布置应根据已掌握的水文地质条件、地下水开发利用状况、污染源的分布和扩散形式，采取点面结合的方法，抓住重点，并对整个评价区域都能适当控制。监测的对象主要是那些有害物质排放量大、危害性大的污染源，重污染区，重要的供水水源地等。

观测点的布置方法主要应根据污染物在地下水中的扩散形式来确定。

在地下水的供水水源地，必须布设 1 ~ 2 个监测点。水源地面积大于 5 km^2 时，应适当增加监测点。在水源（供水含水层）分布区每 5 ~ 10 km^2 布设一个监测点，在水源地上游地区应布置清洁对照测点。

对于排污渗井或渗坑，堆渣地点等点状污染源可沿地下水流向、自排污点由密而疏布点，以控制污染带长度和观测污染物弥散速度。含水层的透水性较好，地下水渗流速度较大的地区，污染物扩散较快，则监测点的距离可稀疏些，观测线的延伸长度可大些。反之，在地下水流速小的地区，污染物迁移缓慢，污染范围小，监测点布置在污染源附近较小的范围内。监测点除沿地下水流向布置外，还应垂直流向布点，以控制污染带深度。

对线状污染源，如排污沟渠、污染的河流等，应垂直线状污染体布置监测断面，监测点自排污体向外由密而疏，污染物浓度高、污染严重，河流渗漏性强的地段是监测的重点，应设置 2 ~ 3 个监测断面。在河渠水中污染物超标不大或渗漏性较弱的地区，应设置 1 ~ 2 个监测断面。基本未污染的地段可设一个断面或一个监测点，以控制其变化。

对面状污染源（如污灌区）的监测，可用网格法均匀布置监测点、线。污染严重的地区多布，污染较轻的地区则少布。

对不同类型的地下水或不同含水层组，应分别设置监测点，特别是浅层水与深层水，第四系松散层地下水与基岩地下水等应分别监测。

监测井孔最好选择那些常年使用的生产井，以确保水样能代表含水层真实的化学成分。井孔结构、开采层位也符合观测要求。在农业污灌区还应考虑监测井附近的交通条件，在满足监测要求的原则下，选择交通条件较好的井孔作监测井，以利于长期监测和便于采样。在无生产井的地区，可打少量专门的水质监测孔或分层监测孔，以保证监测工作的需要。废井、长期不用和管理不良的井不宜作为监测井。

（二）监测内容及采样要求

为了查明地下水污染的过程，除监测地下水外，还应根据水文地质特点和环境条件，适当地进行一些地表水的监测。地下水的监测项目一般有氨氮、亚硝氮、硝氨、总硬度、pH 值、耗氧量、总矿化度、钾、钠、钙、镁、重碳酸根、硫酸根、氯离子、酚、氰化物、汞、砷、镉、总铬、氟、油、大肠杆菌个数、细菌总数等。此外，各地还可根据当地的水文地质条件、工业排废情况，适当增加或减少项目。

采样时间：每年地下水的丰水期、枯水期及平水期分别各采样 1 ~ 2 次。

在经常开采的井中采样时，必须进行抽水，待孔内积水排除后再采样。

水样的采集和保管方法在污染水文地质调查中尤为重要。因为正确的采样和保存水样，使样品保持原有的各种物质成分，是保证分析化验结果符合实际情况的重要环节。所采集样品不但要求有代表性，而且要求样品在保存和运送期间，不致有所变化，以免出现不客观的分析结果。

（三）监测资料整理

凡国家监测点，必须建立环境基本情况登记表，说明监测点含水层类型，井、泉的地质条件与结构，地下水开采使用情况和附近的人类活动状况等。

监测点网用 1 : 2.5 万 ~ 1 : 20 万的比例尺地形底图标示，用不同符号标明各监测点含水层类型，并予以编号。

监测数据应编制成 1 : 2.5 万 ~ 1 : 10 万比例尺的污染分布图，离子含量图（或等值线图），或检出超标点分布图。

监测数据应按枯水期、丰水期及平水期三个时期，以现行生活饮用水卫生标准为根据，进行各种毒物或指标的检出率、超标率及检测值的统计编制成表。

最后应编写监测报告，说明地下水的污染状况和趋势，并对今后地下水的污染防治提出具体建议。

三、地下水水质综合评价

（一）评价因子

地下水的污染物质种类繁多。无机化合物有几十种，有机化合物有上百种，且在不同地区，由于工业布局不同，污染源的差异也很大。因此，影响地下水水质的因子选择应根据评价区的具体情况而定。一般情况下，可以把影响地下水水质的评价因子分为如下几类。

1. 构成地下水化学类型和反映地下水性质的常规水化学组成的一般理化指标，有 pH 值、矿化度、总硬度、溶解氧、耗氧量等。

2. 常见的金属和非金属物质，如汞、铬、镉、铅、砷、氟、碳、氮等。

3. 有机有害物质，如酚、有机氯、有机磷以及其他工业排放的有机物质等。

4. 有害微生物细菌、病虫卵、病毒等。

在评价地下水水质时，除第一类反映地下水水质的一般理化指标外，还要根据各地区的污染特点选择评价因子。由于地表污染源、地层地质结构、地貌特征、植被、人类开发工程、水文地质条件及地下水开发现状等也直接影响地下水水质，所以有些环境地质工作者在评价中把这些因素也作为评价因子的选择对象。

（二）评价标准的选择

目前，常以生活饮用水的卫生标准作为评价标准，因地下水多用于城市供水及生活饮用。若地下水有其他用途，可根据用途和要求参考国家规定的各类用水标准。

第六章　生态水文与环境水文

第一节　生态水文

一、概述

生态建设与水文水资源有非常密切的关系，生态建设中的水科学问题及其研究已成为生产实践中急需解决的问题。然而由于问题的复杂性、资料的有限性、方法的不成熟性，其研究有待进一步科学化和系统化。

尽管“生态水文学”已在国内外各种报告中频繁出现，但还没有一个明确的定义。鉴于它的研究仍处于新发展状态，可以这样认为，在科学体系上，生态水文学属于地球科学范畴，是水文学的一个分支，是生态学与水文学的交叉学科。生态水文学就是将水文学知识应用于生态建设和生态系统管理的一门科学，主要研究生态系统内水文循环与转化和平衡的规律，分析生态建设、生态系统管理与保护中与水有关的问题，如生态系统结构变化对水文系统中水质、水量和水文要素的平衡与转化过程的影响，生态系统中水质与水量的变化规律及其预测方法，水文水资源空间分异与生态系统对位关系。

长期以来，尽管人们一直在研究生态过程与水文过程的相互作用，但各自分属不同的学科领域，未形成统一的学科体系。按照不同的空间尺度，生态水文的研究内容可分为以下几点。第一，以土壤植物大气连续体（SPAC）为基础的植物与水分关系的研究，形成生态水文的微观机理研究。伴随着土壤水动力学发展及 SPAC 概念的提出，特别是 20 世纪 80 年代以来，在国际地圈生物圈计划（IGBP）的推动下，这方面研究非常活跃，并取得了较大进展。第二，以土壤—植被—大气转移系统（SVAT）为基础的中尺度植被与水文研究，早期主要研究不同植被类型及结构内的水文规律，形成农田水文学、森林水文学和草地水文学等，重点研究不同植被群落中水量平衡、水分循环、水质及其变化的规律，以及不同植被类型对水文系统、水行为的作用和影响。自 20 世纪 80 年代 SVAT 概念提出，特别是 1991 年国际大气土壤植被关系委员会（ICASCR）成立以来，人们更加重视植被（而非植物）、大气与土壤界面之间的水文过程，并把三者作为一个系统开展更深入、尺度更大的研究。第三，中大尺度地表覆盖变化的水文系统研究。现代社会中，大尺度流域或区域是不存在单纯的一种植被的，实际是由林、草、农田等不同植被复合而成。由于植被类型、土壤及气候（特别是降水）的空间变异特征，不同组合条件下流域或区域产流和汇流过程不同，其水量平衡、水质及水循环模式也有很大差异。因此，如何把小尺度、特定植被的水文行为放大到大尺度，研究不同植被覆盖下大尺度水文系统变化是当前国内外的研究热点。

按照研究目的，生态水文的研究可分为良性生态系统中水文规律的认知研究和生态建设中的水问题研究。前者探索生态与水文过程相互作用的规律，研究二者相互作用机理，同时为生态建设提供参考，属于认识世界的范畴。生态建设中的水问题研究具有明确的应用目的，是生态水文学的研究热点之一。一方面要研究和认识生态建设中生态水分条件和生态水资源背景，如何开发和利用有利的水分条件，促进生态恢复；另一方面是生态建设的水文效应研究，研究重点是评价流域或区域生态建设对水文系统的单项或综合影响；预测不同建设模式对水文系统的影响，选择好的模式。

二、森林水文

森林和水是人类生存与发展的重要物质基础，也是森林生态系统的重要组成部分。前者是陆地生态系统的主体，后者是生态系统物质循环和能量流动的主要载体，二者的关系是当今林学和生态学领域研究的核心问题。森林水文学就是研究森林与水之间关系的科学。

古代因掠夺森林而产生的环境灾害已使人们注意到森林与水的关系，并获得了“治水必治山”等实践经验，但这仅是对森林与水关系的感性认识。把森林水文作为一门科学进行实际观测和分析研究，始于 19 世纪末 20 世纪初欧美国家的“森林的影响”研究。美国凯特里奇于 1948 年首次提出“森林水文学”一词。他认为，森林影响的重要方面是对水的影响，如对降水、土壤水、径流和洪水的影响，最好称为森林水文学。1969 年，美国休利特提出另一定义，森林水文学是水文学的一个分支，研究森林和有关的荒地植被对水循环的作用，包括对侵蚀、水质和水气候的影响。1980 年，美国理查德·李认为，森林水文学是研究森林覆被所影响的有关水现象的科学。1982 年西德人布莱克泰尔提出，将其分为林地水文学和森林水文学。前者是林地流域的水文科学，在总体上定量研究林地植被和森林经营的水文效应，并与其他类型的植物群落和土地管理的水文效应做比较；后者是森林水分收益管理的科学。目前森林水文学还没有统一的定义。1981 年，中国学者对此也有过激烈争论，但因缺乏数据而无法定论。

森林水文学是陆地水文学与森林生态学交融形成的一门新型交叉学科。它研究森林植被结构和格局对水文生态功能和过程的影响，包括森林植被对水分循环和环境的影响，以及对土壤侵蚀、水的质量和小气候的影响。

（一）森林水文过程

森林水文过程是指在森林生态系统中水分受森林的影响而表现出的水分分配和运动过程，包括降水、降水截留、树干茎流、蒸散和地表径流等。这是当前森林水文学研究的一个重要方面。由于森林植被的存在，森林生态系统的外貌与结构发生了很大的变化，使得森林生态系统内的水文过程发生了变化，因此森林生态系统表现出不同于其他生态系统的水文过程特征和水文效应。

（二）森林对降水的影响

森林对降水的影响，是森林水文学领域争论的焦点问题之一。争论的原因可归结为两个方面，一是森林对大气温度、湿度、风向和风速的影响，是否有促进水蒸气凝结的作用，也就是森林是否有增雨的作用；二是由森林截留而蒸发以及森林抑制地面温度而削弱对流，是否有减雨的作用。从世界各国的研究结果来看，虽然森林对水平降水有明显的影响，但其所占比例小，一般认为森林对降水量的影响程度有限。

森林把降水分为林冠截留量、穿透降水量和树干径流量三部分。林冠截留和截留雨量的蒸发在森林生态系统水文循环和水量平衡中占有重要地位。林冠截留是森林对降水的第一次阻截，也是对降水的第一次分配。一般来说，林冠截留损失比灌木和草本植物截留损失大，一是因为林冠具有较大的截留容量，二是因为林冠具有较大的空气动力学阻力，从而增加了截留雨量的蒸发。林冠截留降水的能力因不同树种、不同器官有很大差异，主要与林冠层枝叶生物量及其枝叶持水特性有关。一般来说，森林的郁闭度大、叶面积指数高，林分结构好，雨前树冠较干，则截留量大。同时，雨量大、雨强小、历时长的降雨类型也有利于树冠截留。对于次降水，林冠截留量随着降水量增加而增加，但两者不是直线关系。穿透降水量与林分密度成反比，随着林冠截留量增加而减少，随着离树干距离增大而增加，数值上等于降水量减去林冠截留量与树干径流量之和。而树干径流量仅占 0.3% ~ 3.8%，在水量平衡中可以忽略不计。

（三）林下植被层对降水的截留

降水通过林冠层到达林下植被层时再次被截留，从而使雨滴击溅土壤的动能大大减弱，但因林下植被截留难于准确测定且截留量少，常在计算截留时忽略不计。目前国内外还没有一种理想的直接测定林下植被截留的方法，都是用间接方法估算林下植被截留量。林下植被的种类和数量受林分结构的影响，使得不同林分林下植被层的持水性能存在差异。一般以林下植被层的最大持水量表示林下植被层持水功能的大小。林下植被层持水量是林下灌木层持水量和草本层持水量之和。不同森林类型林下植被层持水量的变化较大。通常情况下，天然森林下植被层的持水量较大。这是因为天然林受人为干扰较少，易形成复层林，林冠层疏开，郁闭度降低，林下的光照条件好，林下植被繁茂，林下植被层生物量一般较高。

（四）森林枯落物层与林地土壤对水分的储蓄

森林枯落物层的截留第三次改变了到达土壤表面的自然降水过程和降水量。枯落物层对森林涵养水源具有重要作用。一方面，枯落物层具有保护土壤免受雨滴冲击和增加土壤腐殖质和有机质的作用，并参与土壤团粒结构的形成，有效地增加了土壤孔隙度，减缓了地表径流速度，为林地土壤层蓄水、滞洪提供了物质基础；另一方面，枯落物层具有较大的水分截留能力，影响穿透降水对土壤水分的补充和植物的水分供应。此外，枯落物层具有比土壤更多更大的孔隙，水分更易蒸发。森林枯落物层截留呈现如下规律：其截留量与枯落物的种类、厚度、干重、湿度及分解程度有密切关系；随着降水强度增加，其截留量的百分比相应减少；其截留量有一定的限度。枯落物层持水量的动态变化对林冠下大气和土壤之间的水分和能量传输有重要影响。一般其吸持水量可达自身干重的 2 ~ 4 倍，各种森林枯落物最大持水率平均为 309.54%。枯落物层吸持水能力的大小与森林流域产流机制密切相关，并受枯落物组成、林分类型、林龄、枯落物分解状况、积累状况、林地水分状况和降水特点的影响。由于枯落物层的氮化和矿化速率随着含水量的增加而提高，同时枯落物层含水量具有明显的时空变异性，因此研究的难度较大。枯落物层截留量的现场测定也非常困难，通常是选取样本由室内实验测定。

土壤是森林生态系统水分的主要蓄库，系统中的水文过程大多通过土壤作为媒介而发生，土壤水分与地下水相互联系，加大了森林生态系统中土壤水分蓄库的调蓄能力。经过截留到达地面的净降水通过表层土壤的孔隙进入土壤，再沿土壤孔隙向深层渗透和扩散。森林中透过林冠层的降水量有 70% ~ 80% 进入土壤，进行再次分配。林地土壤水分对植物—大气、大气—土壤和土壤—植物三界面的物质和能量的交换过程有重要的控制作用，影响气孔开合、渗透、蒸发、蒸腾和径流的产生。一般来说，森林庞大的根系通过改善土壤结构，增加重力水入渗和土壤水向根系的运动，因而森林土壤的入渗率比其他土地类型高，良好的森林土壤的稳定入渗率高达 8.0 cm/h。森林土壤贮水量常因森林类型和土壤类型不同而异，最大贮水量与土壤结构和土壤孔隙度密切相关。

森林土壤层非毛管贮水量表征了土壤在短时间里贮存水分能力的大小，也是降水进入土壤层的主要表征指标之一。非毛管孔隙是降水进入土壤的主要通道，表层土壤的非毛管贮水量对森林土壤层蓄水功能的充分发挥起到了特别重要的作用。表层土壤的非毛管贮水量如果不能得到充分利用，就会导致土壤下层巨大的贮水空间在降水时不能得到充分利用。

森林对地下水的直接影响并不明显，它是通过对土壤结构和土壤水分的作用间接地影响地下水文过程。

（五）林地蒸发散

林地蒸发散是森林生态系统的水分循环中最主要的输出项，由于在蒸发过程中要消耗大量热能，因此，它又是森林生态系统热量平衡中最主要的过程，这也是森林能调节局域温度和湿度的机理所在。林地蒸发散包括森林群落中全部物理蒸发和生理蒸腾，由林地蒸发、林冠截留水分蒸发和森林植物蒸腾三部分组成。一般认为，森林具有比其他植被更大的蒸腾量。森林冠层和枯落物层截留损失也是影响森林水文效应的主要因素，因此，准确测定或计算林地蒸发散的时空变化，对于评价森林水文循环影响机理以及制订合理的森林经营方案具有十分重要的意义。但是，由于影响森林生态系统蒸发散的因素众多，而且具有极大的时间变异性和空间异质性，用小尺度的田间试验结果外推到大尺度的流域范围会影响其准确性。

林地蒸发散受树种、林龄、海拔、降水量及其他气象因子的影响，随着纬度降低和降水量增加，林地蒸发散略呈增加趋势，相对蒸发散则减少。

（六）森林对径流的影响

早期森林与水的关系的科学研究内容主要是森林变化对河川径流量的影响。森林与径流的关系一直是国内外学术界长期争论的一个问题，争论焦点是森林植被的存在能否提高流域的径流量。一种观点认为，森林可以增加降水和河水流量；另一种观点则认为，森林不具备增加降水的作用，森林采伐后，河水的流量不会增加而会减少。

迄今为止，森林拦蓄洪水的作用在定性上是明确的，但对森林削减洪水灾害作用的定量分析方面尚有不同的观点。世界各国的研究结论表明，森林对削减洪峰和延长洪峰历时具有一定的调节作用，对洪水灾害的减弱程度则与暴雨输入大小和特性有关。就小暴雨或短历时暴雨而言，森林具有较大的调节作用；但对特大暴雨或长历时的连续多峰暴雨来说，森林的调蓄能力是有限的，因为森林的拦蓄容量已被前一次暴雨占去大部分，再次发生暴雨时森林的拦蓄作用会大大降低。森林蓄水容量与森林类型、特征、土壤层厚度及地质、地貌等条件有关。因此，不同自然地理区及不同水文区中森林与洪水的关系不能一概而论。

（七）森林对径流泥沙和水质的影响

防止土壤侵蚀和减少径流泥沙是森林重要的水文生态功能之一。在森林生态系统中，由于林冠层及地表物的存在减少了落到地面雨滴的动能，同时减缓了地表径流的形成，并降低了地表径流的侵蚀力，因此能够有效地防止土壤侵蚀，减少径流中的泥沙含量。同时，森林对防止水库和湖泊淤积，延长水库使用年限都有良好的作用。研究结果表明，在黄土高原森林覆盖率达 30% 的流域较无林地流域输沙量减少 60%；岷江上游原始森林的采伐导致河流年平均含沙量增加 1 ~ 3 倍；海南岛尖峰岭热带季雨林地的耕地径流含沙量较有林地高 3 倍。

森林能改变水质，维持生态系统养分循环。降水在经过森林生态系统时，与系统发生化学元素的交换。如由于土壤、岩石风化物和各种有机物质等的淋溶作用，水中各种化学成分增加。同时，降水在通过森林生态系统时，其中的元素也可能被植被吸收、土壤吸附或通过离子交换而除去。国内外研究表明，采伐会破坏森林生态系统的养分循环，尤其会破坏树木生长对氮的吸收，使河水中的氮含量显著增加，同时也会对其他化学组分产生一定的影响。

第二节　环境水文

一、概述

（一）环境水文的概念

1971年，美国科学基金会提出的《环境科学——70年代的挑战》报告中指出，环境科学应是以生态系统为核心，对围绕人类的水、大气、陆地、生命和能量等所有系统进行研究。联合国于1972年在瑞典斯德哥尔摩召开了人类环境会议，并随后出版著名的环境科学绪论性著作《只有一个地球》，进而推动形成了空前繁荣的关于环境问题的科学探索。

水是生态系统中物质循环和能量流动的重要载体，是最活跃的生态环境要素。随着环境科学的迅速兴起和传统水文学发展的迫切需求，在水资源与水环境等问题日益严峻的背景下，环境水文学作为一门新兴学科被提出并明确其是环境科学和水文科学的交叉学科，是从水环境角度深入探索水体水文现象的发生、发展和演变的过程，以及这些过程与水的质量之间的相互关系。它注重于水体中各种水文现象、水文过程与水环境之间的联系及因果关系，为水污染治理和保护提供最基本的水文学和环境科学的知识和技术。环境水文学和普通水文学的不同之处在于它把水量和水质有机地结合起来。

（二）环境水文的研究内容

世界水文科学的变革和发展也推动了环境水文学研究的蓬勃发展。环境水文研究内容因研究对象与目标而异，大体上是应能反映“人—工程设施—环境系统”各因素之间的相互关系、相互影响的信息总体。其主要内容包括以下几个方面。

1. 流域区域水文情势变化对环境的影响

在人类对水资源开发利用不断增加的情况下，流域区域水文情势发生了一系列变化，对环境产生了有利和不利的影响。如中国海河流域为增加灌溉面积和提高下游的防洪能力，修建了许多水利工程，并大量开采地下水，使山前地区地表径流减少，地下水位下降，原有的盐碱地逐步得到改良；下游平原区的碱水也由于开发利用地下水，碱水的范围减小。但由于大量拦蓄地表水与增加灌溉用水量，下游河道洼淀干枯，入海水量减少，从而在一定程度上促使了陆地水域的生态环境恶化，河道污染加重，内河航运中断，甚至可能促使土地沙化。

2. 环境的变迁对水文情势的影响

人类对自然界的改造与资源的开发利用，改变了环境，对人类生存的陆地环境产生很大的影响。如砍伐森林、修建水利工程和城市建设等，对水文情势会产生深远的影响。砍伐森林可造成水土流失，使洪涝灾害加剧；超量开采地下水可造成地下水位急剧下降，改变地面生态环境。此外，人类生产、生活过程中排放到自然界的废弃物，在水文循环作用下，对水体水质产生直接或间接影响，如工厂、汽车排入大气中的二氧化硫等物质被雨水淋洗形成酸雨，矿山和城市废弃物污染径流水质等。

3. 水利工程对环境的影响

水利工程直接影响工程周围地区地表与地下的水文情势。如在河流上建坝，使上游流速减缓，水深增大，水体自净能力减弱；库区水体增大后，水温结构发生变化，对水体密度、溶解氧、微生物和水生物都可产生影响；由自然的水文情势改成人为控制的情势，使下游河道的径污比和鱼类繁殖条件发生变化；水库蓄水后可引起周围地区的地下水位上升，导致土壤盐渍化与沼泽化等。对修建工程后水文状况与水质及其与生态变化的关系进行研究，可确定环境用水要求，科学地制定环境库容和环境流量，使工程趋利避害，更好地发挥综合效益。

4. 特殊地区的水文变化规律及其对环境的影响

特殊地区是指城市、矿区、土壤改良区、森林区等地区。城市修筑大量建筑物与道路，改变了自然的水文循环过程。城市中不透水地面的扩大，使水的入渗量减少，径流总量与峰值增大，不利于下游防洪，并易造成次生污染和非点源污染、地下水超采、地面沉降等。城市地区要研究的环境水文学问题包括城镇化对降水的影响及酸雨污染的时空分布规律，地表土壤自然状态改变引起的特殊暴雨径流关系，以及水污染源与水文情势改变引起的水质变化及其对环境生态的影响等。

（三）环境水文的发展趋势

环境水文学诞生于社会需求之中，也在社会需求的促进下蓬勃发展，环境水文科学的基本研究与其在生产中的实际应用都具有重要的意义。面对当今复杂变化的自然环境和社会形势，环境水文学未来面临诸多机遇和挑战，特别是新理论、新方法的不断引入和学科间的进一步交互综合，促使其具有新的发展趋势。

1. 持续加强环境水文基础理论方法研究

重点加强对水文生态过程的复杂性和不确定性的理论研究，其中复杂性包含混沌与分形，不确定性包含模糊与灰色系统等特性；寻求水文生态系统中不同尺度间环境水文规律的异同；加深对水文时间序列演变及环境影响机理的认识；改进产汇流理论与分布式水文模型；加强对水文过程的环境影响与环境需水的拓展性研究。同时，广泛开展环境水文信息技术（同位素示踪、环境水文遥感监测和GIS等）与环境水文分析方法（频率分析、参数估计等）的前瞻性研究，逐步建立健全水文－环境科学理论体系。

2. 注重环境水文研究的整体性及其与其他学科的融合

利用系统论的观点，注重对环境水文的整体性分析，探讨全球气候变化与陆地生态系统对环境水文的综合影响。注重环境水文学与其他水文分支学科的交互发展，如水文气象学中对降水时空分布理论和气象—水文双向耦合模式的开发利用，水文地质学中向广义的地下水圈和与人类、生态相关的功能性地下水方向转变，生态水文学中关于大尺度生态效应、生态水文模型与生态恢复方案的探索，数字水文学中结合数字化信息技术、数字高程模型（DEM）与数理统计方法揭示水文规律，以及水文科学与其他自然科学和社会科学之间的交互。

3. 加速环境水文科研成果转化与实际应用

应用环境水文规律和技术方法,优化水情预测预报的模式与精度;确保地区土地开发、水利工程建设与地表和地下水资源利用的安全、高效与可持续性；开发城市水文循环与水资源模型，探讨城市雨洪资源与非传统水资源利用方式及非点源污染物随水迁移转化规律；加强水环境保护与饮用水安全保障，维持河流生态健康；建立“水文—生态—经济—社会”耦合模型，使用现代信息技术提高管理效率，促进社会经济协调可持续发展，发挥环境水文科研成果的实用价值。

二、水污染

（一）水污染及其特征

1. 水污染及种类

水污染是指水体因某种物质的介入而导致化学、物理、生物或放射性等方面的改变，造成水质恶化，从而影响水的有效利用，危害人体健康或破坏生态环境的现象。法律中所界定和防范的水污染是由人类活动造成的。污水中的酸、碱、氧化剂，以及铜、镉、汞、砷等化合物，苯、二氯乙烷、乙二醇等有机毒物，会毒死水生生物，影响饮用水源和风景区景观。污水中的有机物被微生物分解时消耗水中的氧，影响水生生物的生命，水中溶解氧耗尽后，有机物进行厌氧分解，产生硫化氢、硫醇等难闻气体，使水质进一步恶化。

造成地表水体污染的污染物有很多种，主要有以下几类。

（1）悬浮物

悬浮物主要指悬浮在水中的污染物，包括泥沙、铁屑、炉灰、昆虫、植物、纸片、建筑垃圾和人类日常生活污水中含有的污染物。悬浮物严重影响水体自身的透明度和浊度，影响植物的光合作用。大量悬浮垃圾长期浮在水中会吸附有机毒物、农药，形成复合污染物沉入水底。

（2）耗氧有机物

生活污水及工业废水中的有机物质都是以悬浮状态或溶解状态存在水中，在微生物作用下分解成无机物。分解过程消耗氧气，使水中氧气减少，微生物繁殖，严重时影响鱼类等水中生物的生存。当水中溶解氧含量为 0 时，厌氧生物占优势，使水体变黑且发臭。我国多数污染河流都属于有机污染，近年来难降解合成有机物污染受到广泛关注。

应该注意的是，受到有机污染的河流往往同时接纳大量悬浮物，其中的相当一部分是有机物，排入水体后沉淀至河底形成沉积物。这是一种新的有机物污染，即使含量非常低也可能直接危害人体健康，如致癌、致畸、致突变等。

（3）营养物质

营养物质主要是指含有氮、磷的植物所需要的营养物质，如氨氮、硝酸盐氮、磷酸盐的有机化合物。这些污染物排入水体，易引起水中藻类及其他浮游生物大量繁殖，造成水体富营养化和溶解氧量下降，水体有异味，严重时鱼类和水中生物大量死亡。淡水水体（如河流、湖泊）出现的富营养化称为水华，海洋中则称为赤潮或红潮。

我国主要淡水湖泊都已呈现出富营养污染现象，主要原因是它们接纳了各种污染源排放的污染物。如滇池是著名的高原湖泊，原来是昆明市的饮用水源，但同时也是污水的受纳体。监测资料表明，20 世纪 90 年代以来滇池水质只能满足灌溉水质的要求。滇池内湖中水葫芦覆盖面积和生长厚度逐年增加，内湖和外湖中都出现了蓝藻滋生的现象。我国沿海海域同样呈现严重的富营养污染现象。渤海、东海、南海自 20 世纪 60 年代以来都曾经出现赤潮，而且出现的频率日益增加。

（4）重金属

铜、铅、锌、镉、六价铬等重金属随工业废水排入水体后，大多沉淀至水底，或与有机物合成毒性很强的金属有机物，它们被生物吸收后最终进入人体，造成人体慢性中毒甚至死亡。

（5）酸碱污染

当水体 $pH < 6.5$ 或 $pH > 8.3$ 时，水中生物的生长受到抑制，水体的自净能力下降，影响渔业生产，还会腐蚀桥梁和水泥建筑，毁坏船只，造成农业减产绝收，给工农业生产和生活造成严重后果。

地下水水质下降主要表现为硬度和硝酸盐含量的增加，局部地区发现了较严重的油污染，也存在痕量有机物的污染。

2. 水污染特征

地表水和地下水由于在分布、蓄存、转移和环境上存在差异，表现出不同的污染特征。地表水体污染的可视性强、易反复出现，但循环周期短，易于净化和恢复。

而地下水的污染具有以下特征。

（1）隐蔽性

污染发生在孔隙介质之中，即便污染程度已相当高，水体物理性质仍表现为无色、无味，即使人类饮用了受害和有毒组分污染的地下水，其影响也是慢性而难以观察的。

（2）难恢复性

由于地下水赋存于孔隙介质之中，流速缓慢，且孔隙介质对许多污染物质有吸附作用，彻底清除非常困难。即使切断污染源，靠地下水本身净化，少则十几至几十年，多则上百年才有可能得到恢复。因此，地下水一旦遭受污染，无论程度如何，均难以恢复。

（二）主要污染源及危害

1. 主要污染源

水污染主要由人类活动产生的污染物造成，包括工业污染源、生活污染源和农业污染源几大部分。其中，工业和生活污染源多属于点污染源，农业污染源则属于面污染源。

（1）点源污染

点源污染包括工业废水和生活污水。

工业废水是指工业生产过程中产生的废水、污水和废液，其中含有随水流失的工业生产用料、中间产物和产品以及生产过程中产生的污染物。随着工业的迅速发展，废水的种类和数量迅猛增加，对水体的污染也日趋广泛，严重威胁人类的健康和安全。工业废水包含有机废水、无机废水、重金属废水、电镀废水等，具有量大、面积广、成分复杂、毒性大、不易净化、难处理等特点。工业废水的处理比城市污水的处理更为重要。生活污水是人类生活过程中产生的污水，主要是城市生活中使用的各种洗涤剂和污水、垃圾、粪便等。生活污水中含有大量有机物，如纤维素、淀粉、糖类、脂肪和蛋白质等，也常含有病原菌、病毒和寄生虫卵，以及无机盐类的氯化物、硫酸盐、磷酸盐、碳酸氢盐和钠、钾、钙、镁等。总的特点是氮、硫和磷含量高，在厌氧细菌作用下易产生恶臭物质。

中国每年约有 1/3 的工业废水和 90% 以上的生活污水未经处理就排入水域。全国监测的 1 200 多条河流中，有 850 多条受到污染，90% 以上的城市水域也遭到污染，致使许多河段鱼虾绝迹，符合国家一级和二级水质标准的河流仅占 32.2%。污染正由浅层向深层发展，地下水和近海域海水也正在受到污染，我们能够饮用和使用的水正在不知不觉地减少。

（2）面源污染

农业废水是农作物栽培、牲畜饲养、农产品加工等过程中排出的废水。在农业生产过程中，不合理使用化肥、农药以及畜禽（水产）养殖废弃物、农作物秸秆等均能造成面源污染。由于农业生产活动的广泛性和普遍性，农业废水水量大，影响面广，随机性大，隐蔽性强，不易监测和量化，控制难度大。

研究表明，我国种植业中氮肥的利用率为 30% ~ 40%，磷肥的利用率只有 10% ~ 15%，钾肥的利用率为 40% ~ 60%。化肥的大量使用，特别是氮肥用量过高，使部分化肥随降水、灌溉和地表径流进入河、湖、库、塘，污染水体，造成水体富营养化。而大多数农药以喷雾剂的形式喷洒于农作物上，其中只有 10% 左右的药剂附着在作物体上，大部分农药被喷洒于空气中或落入土中，随即被灌溉水、雨水冲刷到江河湖海中，污染水源。畜禽粪便不经任何无害化处理就直接排放，携带大量的大肠杆菌、寄生虫卵等病原微生物和大量的氮、磷等，进入江河湖泊，不仅污染养殖场周围的环境，而且导致水体和大气污染，更是我国江河湖泊富营养化的主要污染源。农村生活垃圾及秸秆被抛弃于河沟渠或道路两侧，特别是塑料袋、农药包装物等有害垃圾的随意堆放，不仅占用了大片的可耕地，传播病毒细菌，其渗漏液也会污染地表水和地下水，导致生态环境恶化。

城市面源污染是指在降水条件下，雨水和径流冲刷城市地面，使溶解的或固体污染物从非特定的地点汇入受纳水体，引起的水体污染。随着城镇化的迅速发展，城镇化与城市建设极大地改变了城市原有的地表环境，取而代之的是大量的建筑物和道路，导致城市地表硬化率急剧增加，不透水比例增大，使得雨天特别是暴雨天气产生的大量径流不能通过城市地表渗透到土壤中或者被植物截流，只能通过分流制或合流制系统把径流排放到受纳水体中，对受纳水体的水质造成明显的破坏。

雨水径流所携带的污染物主要有建筑材料的腐蚀物、建筑工地上的淤泥和沉淀物、路面的沙子尘土和垃圾、汽车轮胎的磨损物、汽车漏油、汽车尾气中的重金属、大气的干湿沉降、动植物的有机废弃物、城市公园喷洒的农药以及其他分散的工业和城市生活污染源等。这些污染物以各种形式积蓄在街道、阴沟和其他不透水地面上，在降水的冲刷下通过不同的途径进入城市受纳河道中。污染物包含物理性污染物（来自交通工具锈蚀产生的碎屑物质、机动车产生的废气、大气干湿沉降物、轮胎和刹车摩擦产生的物质以及居民烟囱释放出的烟尘等悬浮物）、化学性污染物（重金属及有机污染物）和生物性污染物（下水道溢流、宠物以及城市中的野生生物所携带的病原性微生物）几种类型。

2. 水污染危害

（1）危害人体健康

人在饮水过程中，水中的元素通过消化道进入人体的各个部位。当水中缺乏某些或某种人体生命过程所必需的元素时，就会影响人体健康。如水中缺碘，长期饮用会导致“大脖子病”，即医学上所称的“地方性甲状腺肿”。当水中含有有害物质时，有害物质可以通过饮水进入人体。如长期饮用含有氰化物的水，可导致甲状腺肿大、急性中毒，症状表现为呼吸困难、呼吸衰竭。长期饮用含酚水，可引起头晕、出疹、瘙痒、贫血等各种疾病。此外，人在不洁净的水中活动，水中的病原体可经皮肤、黏膜侵入机体，如血吸虫病等。水污染也会干扰内分泌，如化学性污染物邻苯二甲酸二丁酯等可干扰机体内一些激素的合成、代谢或作用，从而影响机体的正常生理、代谢、生殖等。人类生活垃圾污染水体可引起细菌、大肠菌群在水体中大量繁殖，导致肠道疾病，如肠炎、痢疾、霍乱和某些寄生虫疾病都是通过水体传播的。

（2）限制工农业生产

工农业生产不仅需要足够的水量，而且对水质有一定的要求。否则会对工农业造成很大的损失，特别是工农业生产过程中使用被污染的水后，对人类有极大的危害。一是使工业设备受到破坏，严重影响产品质量，从而降低企业的市场竞争能力，损害企业的经济利益和广大消费者的利益；二是使土壤的化学成分改变，肥力下降，农产品也会直接或间接受到不同程度的污染，农作物的品种甚至会出现不同程度的变异；三是增加城市生活用水和工业用水的污水处理费用。在水资源贫乏的情况下，保证工业和农业用水的水质显得尤为重要。

（3）影响水生生物及渔业发展

水中生活着各种各样的水生动物和植物。生物与水、生物与生物之间进行着复杂的物质和能量交换，在数量上保持一种动态的平衡关系。但在人类活动的影响下，这种平衡遭到了破坏。当人类向水中排放污染物时，一些有益的水生生物会中毒死亡，而一些耐污的水生生物会加速繁殖，大量消耗溶解在水中的氧气，使有益的水生生物因缺氧被迫迁徙他处或者死亡。水污染会导致鱼类产量下降，长期缓慢的水污染会导致鱼类质量下降，外形变异，严重的水污染还有可能造成鱼类大量死亡甚至种类性灭绝。人食用受污染的鱼类会导致中毒或健康方面的其他损害。由此可见，当水体被污染后，一方面会导致生物与水、生物与生物之间的平衡受到破坏；另一方面一些有毒物质不断转移和富集，危及人类的健康和生命。

（4）制约社会经济发展

目前，水资源短缺和水污染已成为制约我国经济社会可持续发展的瓶颈。水污染对人体健康、渔业生产、工农业生产的发展是一个制约因素，严重影响社会的发展进程，阻碍生产的正常运行，从而影响社会经济的发展。

造成我国水污染的原因主要有以下三个方面：一是由于粗放型的经济增长方式没有根本转变，污染物排放量大大超过水环境容量；二是生态用水缺乏，黄河、海河、淮河水资源开发利用率都超过 50%，其中海河更是高达 95%，超过国际公认的

40% 的合理限度，严重挤占生态用水；三是水污染防治立法不够健全，处罚力度小，执法不够有力，干部群众的环保意识和守法意识不强。要从根本上解决水环境安全问题，必须加快产业结构调整，建立水资源节约型、环境保护型的国民经济体系。

（三）水污染防治

1. 水污染防治原则

水环境污染防治应遵循“分类、分区、分级、分期”的控制原则。

（1）污染物质的分类控制原则

采取不同的污染控制措施，有针对性地防治不同特性的水污染物，污染物可以根据结构、毒性、功能要求和降解特性等进行分类。根据污染物质的结构和组成，可以将其分为合成有机物、金属、无机物和卫生学指标等；根据污染物的毒性特点，可以分为常规污染物（含氮、磷营养盐）和优先控制污染物；根据污染物对水体生态功能与资源用途的影响，可以分为淡水水生生物保护、海水水生生物保护、人体健康保护等方面的控制污染物；根据污染因子的降解特性，可以分为保守物质（重金属、难降解有毒有机物质等）和非保守物质（氨、氮等）。实际应用中，可结合水污染防治管理的需求，针对不同控制指标提出相应的控制要求。

（2）污染控制的分区原则

不同区域的水环境特征具有差异显著的特点，需要依据区域的自然环境特征制定不同的污染控制对象与控制标准，实施差异性的污染控制策略。分区要考虑到水文过程的完整性、生态系统的一致性以及水体功能的差异性，可采取水资源分区、水生态分区和水环境功能分区等多种分区形式，构建水污染物控制的分区体系。

其中，水资源分区是根据水文循环单元进行划分，主要体现水文过程的完整性，表现出污染物输移转化规律，是实现水量水质综合管理的重要单元。水生态分区主要是根据影响流域水生态特征的自然要素（气候、地形地貌、植被、土壤和土地利用等）进行划分，主要用于识别水体生态功能和确定水体的生态完整性标准，是实施基于水生态安全的污染控制策略的重要控制单元。水环境功能分区是在水生态分区基础上，充分考虑水环境管理能力及地方差异性，在流域尺度和时间尺度上权衡人类需求功能与水生态需求功能所采取的一种分区方法，包括重要功能区、一般功能区和冲突协调区。功能区的管理目标不仅包括水质目标，还包括水生生物和水量目标。

（3）水质目标的分级原则

水体往往具有饮用水、休闲用水、水生生物栖息地、农业用水和工业用水等多种功能，不同功能水体对水体污染程度的要求不同，因此，需要制定不同级别的水质保护及防治目标。

（4）污染防治的分期保护原则

分期包括两层含义：一是以季节特征为基础的污染控制，目的是体现控制中的水期差异；二是以年度特征为基础的污染控制，目的是体现控制目标与措施的分阶段实施。污染控制需要以流域水生态安全为最终目标，根据社会经济技术发展水平，分别制定近期、中期和远期的目标并提出分阶段的污染实施方案，这有利于政府针对性地采取措施，保障水污染防治与社会经济协调发展。

2. 水污染防治对策

水污染防治是一个庞大的系统工程，涉及国家政策、管理技术、市场调节、全民配合等方面。水污染防治必须同国民经济和社会发展密切结合，统筹规划，综合治理，建立和完善水污染治理机制，调动全社会的积极性，依靠全社会力量做好水污染防治工作。

（1）严格控制点源污染，实行排污总量控制

对工业和城市废污水排放，必须加强管理，达标排放。对于超标、超量排污的企业，一方面要加大处罚力度；另一方面可以利用收取的排污费、排污权交易费等设立特别基金，用于扶持企业污水处理设施的建设，减轻企业治污的经济压力，采取奖励和惩罚相结合的措施，充分调动企业治污的积极性和责任感。

对于生活污水的防治，采取综合对策，建立定额管理、累进加价的水价制度，通过经济杠杆节约用水，减少排污。通过制定合理的污水排放费征收标准，为污水处理产业化创造条件。同时政府要对污水处理产业给予政策倾斜和财政扶持，使污水处理企业逐步走向市场化、产业化的道路，自我发展，通过竞争降低污水处理的成本，实现良性循环。

（2）加强农村面源污染的宏观调控

将面源污染的控制与农业灌溉方式的改变、农业产业结构的调整、绿色农业、生态农业、有机农业的建立等方面结合起来，提高科技水平，提高农民的环保意识，合理使用化肥和农药，提高有机肥使用量，将面源污染程度控制到最低。

（3）加强对江河湖库等水域的管理

科学调度，提高水体的水环境承载能力。湖泊的水污染防治不同于河流，必须采取强有力的管理措施和工程措施，有效控制生活污水、农业面源和内源污染，制定科学合理的水量调度和河湖疏浚方案，使流水不腐，提高水体的自净能力。

（4）加强饮用水源管理，提高饮水的安全度

我国目前对饮用水污染所采取的对策主要是治理污染源，提高生活污水和工业废水的处理率，推行节水技术，提高工业用水的重复利用率及城市污水资源化等，以减少废水的排放总量。为了加强水资源保护，各地要严格执行水功能区划方案，禁止向饮用水源地排放废污水。

第七章　水生态保护与修复

第一节　生物多样性保护技术

一、生物多样性的概念

生物多样性是指一定时空范围内生物物种及其所携带的遗传信息和其与环境形成的生态复合体的多样化及各种生物学、生态学过程的多样化和复杂性。它是生命系统的基本特征之一。在理论上和实践上研究较多的和较重要的主要有遗传多样性、物种多样性、生态系统多样性和景观多样性四个层次。其中遗传多样性、物种多样性和生态系统多样性是最基本的三个层次。

（一）遗传多样性

遗传多样性是指所有生物个体中所包含的各种遗传物质和遗传信息，既包括了同一种的不同种群的基因变异，也包括了同一种群内的基因差异。遗传多样性对任何物种维持和繁衍其生命、适应环境、抵抗不良环境与灾害都是十分必要的。

（二）物种多样性

物种多样性是指多种多样的生物类型及种类，强调物种的变异性。物种多样性代表着物种演化的空间范围和对特定环境的生态适应性，是进化机制的最主要产物，所以物种被认为是最适合研究生物多样性的生命层次，也是相对研究较多的层次。物种多样性是人们关于生物多样性的最直观和最基本的认识，常用物种丰富度指数来表示。所谓物种丰富度是指一定面积内种的总数目。种的数目在高级分类阶元之间，如在科或纲之间，差别很大；在不同地理区域之间差别也很大。到目前为止，已被描述和命名的生物种有 140 万种左右，科学家们对地球上实际存在的生物有机体种的总数估计出入的误差从 360 万 ~ 11 亿种，但很多科学家认为 1 200 万种左右可信度比较大。

（三）生态系统多样性

生态系统多样性是指生物圈内栖息地、生物群落和生态学过程的多样性，以及生态系统内栖息地差异和生态学过程变化的多样性。在各地区不同物理背景中形成多样的生境，分布着不同的生态系统；一个生态系统其群落由不同的种类组成，它们的结构关系（包括垂直和水平的空间结构，营养结构中的关系，如捕食者与被捕食者、草食动物与植物、寄生物与寄主等）多样，执行的功能不同，因而在生态过程中的作用也很不一致。

生态系统多样性既与生境的变化有关，也与物种本身的多样性和兴旺的程度密切相关。生境提供能量、营养成分、水分、氧和二氧化碳，使整个生态系统正常地执行能量转化和物质循环的复杂过程，从生产、消费到分解，保证物种的持续演变和发展。生物多样性和生态过程（能量转化、水分动态、氮素和营养元素循环、捕食、共生、物种形成等）构成了生物圈的基本组成部分，是人类赖以生存的物质基础。

（四）景观多样性

景观多样性是指一定时空范围内景观生态系统类型的丰富性及各景观生态系统中不同类型的景观要素在空间结构、功能机制、时间动态方面的多样化和复杂性。景观多样性是较生态系统多样性更高一层次的多样性。景观多样性主要包括斑块多样性、类型多样性和格局多样性 3 种类型。斑块多样性是指景观中斑块的数量、大小、形状的多样性和复杂性；类型多样性是指景观中不同的景观类型（如农田、森林、草地等）的丰富度和复杂度；格局多样性是指景观类型空间分布的多样性及各类型之间以及斑块与斑块之间的空间关系和功能联系的多样性。

生物多样性需在上述几个方面都得到保护。保护的重点应是生态系统的完整性和珍稀濒危物种。生态系统多样性既是物种和遗传多样性的保证，又是景观多样性的基础，生态系统的稳定是物种进化和种内遗传变异的保证。

二、生物多样性丧失的原因

分析生物多样性丧失的原因，有下面三个方面。

（一）栖息地的丧失

栖息地的丧失和片断化是对生物多样性最大的威胁。生境的丧失对现今物种的灭绝起了主要作用。近百年内，森林面积大幅度减少，湿地被排干，许多物种失去了相依为命的、赖以生存的家——生态环境。目前的生物种类大约一半以上生存在热带雨林。但是由于人类活动，地球上的原始森林已从 19 世纪的 55 亿 hm^2 减少到现在的不足 28 亿 hm^2。生境片断化是一个面积大而连续的生境被分割成两个或更多小块残片并逐渐缩小的过程。多种人类活动都可能导致生境片断化，如铁路、公路、水沟、电线网络、树篱、农田、房屋建筑以及其他可能限制生物自由活动的分割物。片断化的生境在几何形状上与原生境有两个主要的差别，即片断化生境具有更大的边缘面以及各个残片的中心距边缘更近。正是片断化生境的这两个特征极大地影响了地球上生物的多样性。

（二）环境污染

环境污染也是引起生物生存危机的主要原因，农药杀虫剂的大量使用造成一些物种的濒危或绝灭，尤其是位于食物链顶位的猛禽受影响最为严重。据统计，目前全世界已有 2/3 的鸟类生殖力下降，栖息地污染无疑是造成这一现象的重要原因。

最微妙的环境退化是环境污染，其最普遍的原因就是：矿业和人类居住地释放的杀虫剂、化学品和污水，工厂和汽车排出的废气以及由被侵蚀的山坡沉积下来的淤泥。污染对水质量、空气质量甚至地区气候的全面影响引起了极大的关注，不仅因为它威胁到生物适应性，而且因为它影响人类健康。

（三）外来种的引入

外来种的入侵是生物多样性丧失的另一个原因。全球经济活动促进了贸易和交通系统的发展，也引起了外来种入侵的问题。生物入侵将对当地原有生物群落和生态系统造成极大威胁，导致群落结构变化、生境退化，导致生物多样性下降。

处于特殊的生态地理环境下的岛屿，其生态系统相对脆弱，极易受外来种的干扰。夏威夷每年约有 20 种无脊椎动物传入并在那里建立种群，其中一半是有害种，严重危害岛上的农业、林业及人类的健康。

三、保护生物多样性

保护生物多样性必须在遗传、物种和生态系统三个层次上都进行保护。保护的内容主要包括：①对那些面临灭绝的珍稀濒危物种及其生态系统的绝对保护；②对数量较大的、可以开发的资源进行可持续的合理利用。

保护生物多样性，主要可以从以下几个方面入手。

（一）就地保护

就地保护主要是就地设立自然保护区、国家公园、自然历史纪念地等，将有价值的自然生态系统和野生生物环境保护起来，以维持和恢复物种群体所必需的生存、繁衍与进化的环境，限制或禁止捕猎和采集，控制人类的其他干扰活动。

（二）迁地保护

迁地保护就是通过人为努力，把野生生物物种的部分种群迁移到适当的地方加以人工管理和繁殖，使其种群能不断扩大。迁地保护适合受到高度威胁的动植物物种的紧急拯救，如利用植物园、动物园迁地保护基地和繁育中心等对珍稀濒危动植物进行保护。我国植物园保存的各类高等植物有 2.3 万多种。在我国已建的动物园中共饲养脊椎动物 600 多种。由于我国在珍稀动物的保存和繁育技术方面不断取得进展，许多珍稀濒危动物可以在动物园进行繁殖，如大熊猫、东北虎、华南虎、雪豹、黑颈鹤、丹顶鹤、金丝猴、扬子鳄、扭角羚、黑叶猴等。

（三）离体保存

在就地保护及迁地保护都无法实施的情况下，生物多样性的离体保护应运而生。通过建立种子库、精子库、基因库，对生物多样性中的物种和遗传物质进行离体保护。

（四）放归野外

我国对养殖繁育成功的濒危野生动物，逐步放归自然进行野化。例如，麋鹿、东北虎、野马的放归野化工作已开始，并取得一定成效。

保护生物多样性是我们每一个公民的责任和义务。善待众生首先要树立良好的行为规范，不参与乱捕滥杀、乱砍滥伐的活动，拒吃野味，还要广泛宣传保护物种的重要性，坚决同破坏物种资源的现象进行斗争。

此外，健全法律法规、防治污染，加强环境保护宣传教育和加大科学研究力度等也是保护生物多样性的重要途径。

在保护生物多样性的工作中，采用科学的研究途径，探索现存野生生物资源的分布、栖息地、种群数量、繁殖状况、濒危原因、开发利用现状、已采取的保护措施、存在的问题等。一般采取以下研究途径：①分析生物多样性现状。②对特殊生物资源进行研究。③研究生物多样性保护与开发利用关系。④实行生物种质资源的就地保护。⑤实行生物种质资源的迁地保护。⑥建立种质资源基因库。⑦研究环境污染对生物多样性的影响。⑧建立自然保护区，加强生物多样性保护的策略研究，采用先进的科学技术手段，例如遥感、地理信息系统、全球定位系统等。

第二节　湖泊生态系统的修复

一、湖泊生态系统修复的生态调控措施

治理湖泊的方法有：物理方法，如机械过滤、疏浚底泥和引水稀释等；化学方法，如杀藻剂杀藻等；生物方法，如放养鱼等；物化法，如木炭吸附藻毒素等。各类方法的主要目的是降低湖泊内的营养负荷，控制过量藻类的生长，目前均取得了一定的成效。

（一）物理、化学措施

在控制湖泊营养负荷实践中，研究者已经发明了许多方法来降低内部磷负荷，例如通过水体的有效循环，不断干扰温跃层，该不稳定性可加快水体与溶解氧、溶解物等的混合，有利于水质的修复。削减浅水湖的沉积物，采用铝盐及铁盐离子对分层湖泊沉积物进行化学处理，向深水湖底层充入氧或氮。

（二）水流调控措施

湖泊具有水“平衡”现象，它影响湖泊的营养供给、水体滞留时间及由此产生的湖泊生产力和水质。若水体滞留时间很短，如在10天以内，藻类生物量不可能积累。水体滞留时间适当时，既能大量提供植物生长所需的营养物，又有足够的时间供藻类吸收营养促进其生长和积累。如有足够的营养物和100天以上到几年的水体滞留时间，可为藻类生物量的积累提供足够的条件。因此，营养物输入与水体滞留时间对藻类生产的共同影响，成为预测湖泊状况变化的基础。

为控制浮游植物的增加，使水体内浮游植物的损失超过其生长，除对水体滞留时间进行控制或换水外，增加水体冲刷以及其他不稳定因素也能实现这一目的。由于在夏季浮游植物生长不超过3 ~ 5天，因此这种方法在夏季不宜采用。在冬季浮游植物生长慢的时候，冲刷等流速控制方法可能是一种更实用的修复措施，尤其对于冬季藻氰菌的浓度相对较高的湖泊十分有效。冬季冲刷之后，藻类数量大量减少，次年早春湖泊中大型植物就可成为优势种属。这一措施已经在荷兰一些湖泊生态系统修复中得到广泛应用，且取得了较好的效果。

（三）水位调控措施

水位调控已被作为一类广泛应用的湖泊生态系统修复措施。这种方法能够促进鱼类活动，改善水鸟的生存环境，改善水质，但由于娱乐、自然保护或农业等因素，有时对湖泊进行水位调节或换水并不太现实。

由于自然和人为因素引起的水位变化会涉及多种因素，如湖水浑浊度、水位变化程度、波浪的影响（与风速、沉积物类型和湖的大小有关）和植物类型等，这些因素的综合作用往往难以预测。一些理论研究和经验数据表明水深和沉水植物的生长存在一定关系。如果水过深，植物生长会受到光线限制；如果水过浅，频繁的再悬浮和较差的底层条件，会使得沉积物的稳定性下降。

通过影响鱼类的聚集，水位调控也会对湖水产生间接的影响。在一些水库中，有人发现改变水位可以减少食草鱼类的聚集，进而改善水质。而且短期的水位下降可以促进鱼类活动，减少食草鱼类和底栖鱼类数量，增加食肉性鱼类的生物量和种群大小。这可能是因为低水位生境使受精鱼卵干涸而无法孵化，或者增加了被捕食的危险。

此外，水位调控还可以控制损害性植物的生长，为营养丰富的浑浊湖泊向清水状态转变创造有利条件。浮游动物对浮游植物的取食量由于水位下降而增加，改善了水体透明度，为沉水植物生长提供了良好的条件。这种现象常常发生在富含营养底泥的重建性湖泊中。该类湖泊营养物浓度虽然很高，但由于含有大量的大型沉水植物，在修复后一年之内很清澈，然而几年过后，便会重新回到浑浊状态，同时伴随着食草性鱼类的迁徙进入。

（四）大型水生植物的保护和移植

水生植物的生长及修复对于富营养化水体的生态修复具有极其重要的地位和作用。

围栏结构可以保护大型植物免遭水鸟的取食，这种方法也可以作为鱼类管理的一种替代或补充方法。围栏能提供一个不被取食的环境，大型植物可在其中自由生长和繁衍。另外，植物或种子的移植也是一种可选的方法。

（五）生物操纵与鱼类管理

生物操纵即通过去除浮游生物捕食者或添加食鱼动物降低以浮游生物为食鱼类的数量，使浮游动物的体型增大，生物量增加，从而提高浮游动物对浮游植物的摄食效率，降低浮游植物的数量。生物操纵可以通过许多不同的方式来克服生物的限制，进而加强对浮游植物的控制，利用底栖食草性鱼类减少沉积物再悬浮和内部营养负荷。

在浅的分层富营养化湖泊中进行的实验中，总磷浓度下降 30% ~ 50%，水底微型藻类的生长通过改善沉积物表面的光照条件，刺激了无机氮和磷的混合。由于捕食率高（特别是在深水湖中），水底藻类、浮游植物不会沉积太多，低的捕食压力下更多的水底动物最终会导致沉积物表面更高的氧化还原作用，这就减少了磷的释放，进一步加快了硝化—脱氮作用。此外，底层无脊椎动物和藻类可以稳定沉积物，因此减少了沉积物再悬浮的概率。更低的鱼类密度减轻了鱼类对营养物浓度的影响。而且，营养物随着鱼类的运动而移动，随着鱼类而移动的磷含量超过了一些湖泊的平均含量，相当于 20% ~ 30% 的平均外部磷负荷，这相比于富营养湖泊中的内部负荷还是很低的。

最近的发现表明，如果浅的温带湖泊中磷的质量浓度减少到 0.05 ~ 0.1 mg/L，并且水深超过 6 m 时，对鱼类管理将会产生重要的影响，其关键是使生物结构发生改变。然而，如果氮负荷比较低，总磷的消耗会由于鱼类管理而发生变化。

（六）适当控制大型沉水植物的生长

虽然大型沉水植物的重建是许多湖泊生态系统修复工程的目标，但密集植物床在营养化湖泊中出现时也有危害性，如降低垂钓等娱乐价值、妨碍船的航行等。此外，生态系统的组成会由于入侵物种的过度生长而发生改变，如欧亚狐尾藻在美国和非洲的许多湖泊中已对本地植物构成严重威胁。对付这些危害性植物的方法包括特定食草昆虫如象鼻虫和食草鲤科鱼类的引入，每年收割、沉积物覆盖、下调水位或用农药进行处理等。

通常，收割和水位下降只能起短期作用，因为这些植物群落的生长很快而且外部负荷高。引入食草鲤科鱼类的作用很明显，因此目前世界上此方法应用得最广泛，但该类鱼过度取食又可能使湖泊由清澈转为浑浊状态。另外，鲤鱼不好捕捉，这种方法也应该谨慎采用。实际应用过程中很难达到大型沉水植物的理想密度以促进群落的多样性。

大型植物蔓延的湖泊中，经常通过挖泥机或收割的方式来实现其数量的削减。这可以提高湖泊的娱乐价值，提高生物多样性，并对肉食性鱼类有好处。

（七）蚌类与湖泊的修复

蚌类是湖泊中有效的滤食者。有时大型蚌类能够在短期内将整个湖泊的水过滤一次。但在浑浊的湖泊很难见到它们的身影，这可能是由于它们在幼体阶段即被捕食。这些物种的再引入对于湖泊生态系统修复来说切实有效，但目前为止并没有得到重视。

19 世纪，斑马蚌进入欧洲，当其数量足够大时会对水的透明度产生重要影响，已有实验表明其重要作用。基质条件的改善可以提高蚌类的生长速度。蚌类在改善水质的同时也增加了水鸟的食物来源，但也不排除产生问题的可能。如在北美，蚌类由于缺乏天敌而迅速繁殖，已经达到很大的密度，大量的繁殖导致五大湖近岸带叶绿素 a 与总蛋白的比率大幅度下降，加之恶臭水输入，从而对整个湖泊生态系统产生难以控制的影响。

二、陆地湖泊生态修复的方法

湖泊生态修复的方法，总体而言可以分为外源性营养物种的控制措施和内源性营养物质的控制措施两大部分。

（一）外源性方法

1. 截断外来污染物的排入

由于湖泊污染，富营养化基本上来自外来物质的输入，因此要采取如下措施进行截污。首先，对湖泊进行生态修复的重要环节是流域内废、污水的集中处理，使之达标排放，从根本上截断湖泊污染物的输入。其次，对湖区来水区域进行生态保护，尤其是在植被覆盖低的地区，要加强植树种草，扩大植被覆盖率，目的是对湖泊产水区的污染物削减净化，从而减轻水污染负荷。相对于较容易实现截断控制的点源污染，面源污染量大、分布广，尤其主要分布在农村地区或山区，控制难度较大。再次，应加强监管，严格控制湖滨带度假村、餐饮的数量与规模，并监管其废、污水的排放。对游客制造的垃圾，要及时处理，尤其要采取措施防止隐蔽处的垃圾产生。规范渔业养殖及捕捞，退耕还湖，保护周边的生态环境。

2. 恢复和重建湖滨带湿地生态系统

湖滨带湿地是水陆生态系统间的一个过渡和缓冲地带，具有保持生物多样性、调节相邻生态系统稳定、净化水体、减少污染等功能。建立湖滨带湿地，恢复和重建湖滨水生植物，利用其截留、沉淀、吸附和吸收作用，净化水质，控制污染物。同时，能够营造人水和谐的亲水空间，也为两栖水生动物修复其生长空间及环境。

（二）内源性方法

1. 物理法

（1）引水稀释。通过引用清洁外源水，对湖水进行稀释和冲刷。这一措施可以有效降低湖内污染物的浓度，提高水体的自净能力。这种方法只适用于可用水资源丰富的地区。

（2）底泥疏浚。多年的自然沉积，湖泊的底部积聚了大量的淤泥。这些淤泥富含营养物质及其他污染物质，如重金属能为水生生物生长提供营养物质来源，而底泥污染物释放会加速湖泊的富营养化进程，甚至引起水华的发生。因此，疏浚底泥是一种减少湖泊内营养物质来源的方法。但施工中必须注意防止底泥的泛起，对移出的底泥也要进行合理处理，避免二次污染。

（3）底泥覆盖。底泥覆盖的目的与底泥疏浚相同，在于减少底泥中的营养盐对湖泊的影响，但这一方法不是将底泥完全挖出，而是在底泥层的表面铺设一层渗透性小的物质，如生物膜或卵石，可以有效减少水流扰动引起底泥翻滚的现象，抑制底泥营养盐的释放，提高湖水清澈度，促进沉水植物的生长。但需要注意的是，铺设透水性太差的材料会严重影响湖泊固有的生态环境。

（4）其他一些物理方法。除了以上三种较成熟、简便的措施外，还有其他一些新技术投入应用，如水力调度技术、气体抽提技术和空气吹脱技术。水力调度技术是根据生物体的生态水力特性，人为营造特定的水流环境和水生生物所需的环境，来抑制藻类的大量繁殖。气体抽取技术是利用真空泵和井，将受污染区的有机物蒸气或转变为气相的污染物，从湖中抽取，收集处理。空气吹脱技术是将压缩空气注入受污染区域，将污染物从附着物上去除。结合提取技术可以取得较好的效果。

2. 化学方法

化学方法就是针对湖泊中的污染特征，投放相应的化学药剂，应用化学反应除去污染物质而净化水质的方法。针对湖水酸化，通过投放石灰来进行处理；对于重金属元素，常常投放石灰和硫化钠等；投放氧化剂来将有机物转化为无毒或者毒性较小的化合物，常用的有二氧化氯、次氯酸钠或次氯酸钙、过氧化氢、高锰酸钾和臭氧。需要注意的是，化学方法处理虽然操作简单，但费用较高，而且往往容易造成二次污染。

3. 生物方法

生物方法也称生物强化法，主要是依靠湖水中的生物，增强湖水的自净能力，从而达到恢复整个生态系统的目的。

（1）深水曝气技术。当湖泊出现富营养化现象时，往往是水体溶解氧大幅降低，底层甚至出现厌氧状态。深水曝气便是通过机械方法将深层水抽取上来，进行曝气，之后回灌，或者注入纯氧和空气，使得水中的溶解氧增加，改善厌氧环境，使藻类数量减少，水华程度明显减轻。

（2）水生植物修复。水生植物是湖泊中主要的初级生产者之一，往往是决定湖泊生态系统稳定的关键因素。水生植物生长过程中能将水体中的富营养化物质如氮、磷元素吸收、固定，既满足生长需要，又能净化水体。但修复湖泊水生植物是一项复杂的系统工程，需要考虑整个湖泊现有水质、水温等因素，确定适宜的植物种类，采用适当的技术方法，逐步进行恢复。具体的技术方法有：第一，人工湿地技术。通过人工设计建造湿地系统，适时适量收割植物，将营养物质移出湖泊系统，从而达到修复整个生态系统的目的。第二，生态浮床技术。采用无土栽培技术，以高分子材料为载体和基质（如发泡聚苯乙烯），综合集成的水面无土种植植物技术，既可种植经济作物，又能利用废弃塑料，同时不受光照等条件限制，应用效果明显。这一技术与人工湿地的最大优势就在于不占用土地。第三，前置库技术。前置库是位于受保护的湖泊水体上游支流的天然或人工库（塘）。前置库不仅可以拦截暴雨径流，还具有吸收、拦截部分污染物质、富营养物质的功能，在前置库中种植合适的水生植物能有效地达到这一目标。这一技术与人工湿地类似，但位置更靠前，处于湖泊水体主体之外。对水生植物修复方法而言，能较为有效地恢复水质，而且投入较低，实施方便，但由于水生植物有一定的生命周期，应及时予以收割处理，减少因自然凋零腐烂而引起的二次污染。同时选择植物种类时也要充分考虑湖泊自身生态系统中的品种，避免因引入物质不当而引起的入侵。

（3）水生动物修复。主要利用湖泊生态系统中食物链关系，通过调节水体中生物群落结构的方法来控制水质。主要是调整鱼群结构，针对不同的湖泊水质问题类型，在湖泊中投放、发展某种鱼类，抑制或消除另外一些鱼类，使整个食物网适合于鱼类自身对藻类的捕食和消耗，从而改善湖泊环境。比如通过投放肉食性鱼类来控制浮游生物食性鱼类或底栖生物食性鱼类，从而控制浮游植物的大量生长；投放植食（滤食）性鱼类，影响浮游植物，控制藻类过度生长。水生动物修复方法成本低廉，无二次污染，同时可以收获水产品，在较小的湖泊生态系统中应用效果较好。但对大型湖泊，由于其食物链、食物网关系复杂，需要考虑的因素较多，应用难度相应增加，同时也需要考虑生物入侵的问题。

（4）生物膜技术。这一技术是指根据天然河床上附着生物膜的过滤和净化作用，应用表面积较大的天然材料或人工介质为载体，利用其表面形成的黏液状生态膜，对污染水体进行净化。由于载体上富集了大量的微生物，能有效拦截、吸附、降解污染物质。

三、城市湖泊的生态修复方法

北方湖泊要进行生态修复，首先要进行城市湖泊生态面积的计算及最适生态需水量的计算，其次要进行最适面积的城市湖泊建设，每年保证最适生态需水量的供给，采用与南方城市湖泊同样的生态修复方法。南、北城市湖泊相同的生态修复方法如下。

（一）清淤疏浚与曝气相结合

造成现代城市湖泊富营养化的主要原因是氮、磷等元素的过量排放，其中氮元素在水体中可以被重吸收进行再循环，而磷元素却只能沉积于湖泊的底泥中。因此，单纯的截污和净化水质是不够的，要进行清淤疏浚。对湖泊底泥污染的处理，首先应是曝气或引入耗氧微生物相结合的方法进行处理，然后再进行清淤疏浚。

（二）种植水生生物

在疏浚区的岸边种植挺水植物和浮叶植物，在游船活动的区域种植不同种类的沉水植物。根据水位的变化及水深情况，选择乡土植物形成湿生—水生植物群落带。所选野生植物包括黄菖蒲、水葱、萱草、荷花、睡莲、野菱等。植物生长能促进悬浮物的沉降，增加水体的透明度，吸收水和底泥中的营养物质，改善水质，增加生物多样性，并取得良好的景观效果。

（三）放养滤食性的鱼类和底栖生物

放养鲢鱼、鳙鱼等滤食性鱼类和水蚯蚓、羽苔虫、田螺、圆蚌、湖蚌等底栖动物，依靠这些动物的过滤作用，减轻悬浮物的污染，增加水体的透明度。

（四）彻底切断外源污染

外源污染指来自湖泊以外的污染，包括城市各种工业污染、生活污染、家禽养殖场及家畜养殖场的污染。要做到彻底切断外源污染，一要关闭以前所有通往湖泊的排污口；二要运转原有污水污染物处理厂；三要增建新的处理厂，进行合理布局，保证所有处理厂的处理量等于甚至略大于城市的污染产生量，保证每个处理厂正常运转，并达标排放。污水污染物处理厂，包括工业污染处理厂、生活污染处理厂及生活污水处理厂。工业污染物要在工业污染处理厂进行处理，生活固态污染物要在生活污染处理厂进行处理，生活污水、家禽养殖场及家畜养殖场的污、废水要在生活污水处理厂进行处理。

（五）进行水道改造工程

有些城市湖泊为死水湖，容易滞水而形成污染，要进行湖泊的水道连通工程，让死水湖变为活水湖，保持水的流动性，消除污水滞留，从而得以净化。

（六）实施城市雨污分流工程及雨水调蓄工程

城市雨污分流工程主要是将城市降水与生活污水分开。雨水调蓄工程是在城市建地下初降雨水调蓄池，贮藏初降雨水。初降雨水，既带来了大气中的污染物，又带来了地表面的污染物，是非点源污染的携带者，不经处理，长期积累，将造成湖泊的泥沙沉积及污染。建初降雨水调蓄池，在降雨初期暂存高污染的初降雨水，然后在降雨后引入污水处理厂进行处理，这样可以防止初降雨水带来的非点源污染对湖泊的影响。实施城市雨污分流工程，把城市雨水与生活污水分离开，将后期基本无污染的降水直接排入天然水体，从而减轻污水处理厂的负担。

（七）加强城市绿化带的建设

城市绿化带美化城市景观的作用不仅表现在吸收二氧化碳、制造氧气、防风防沙、保持水土、减缓城市“热岛”效应、调节气候方面，还有其他很重要的生态修复作用如滞尘、截尘，吸尘作用和吸污、降污作用。加强城市绿化带的建设，包括河滨绿化带、道路绿化带、湖泊外缘绿化带等的建设。在城市绿化带的建设中，建议种植乡土种植物，种类越多越好，这样不容易出现生物入侵现象，互补性强，自组织性强，自我调节力高，稳定性高，容易达到生态平衡。

第三节　河流生态系统的修复

一、自然净化修复

自然净化是河流的一个重要特征，指河流受到污染后能在一定程度上通过自然净化使河流恢复到受污染以前的状态。污染物进入河流后，在水流中有机物经微生物氧化降解，逐渐被分解，最后变为无机物，并进一步被分解、还原，离开水相，使水质得到恢复，这是水体的自净作用。水体自净作用包括物理、化学及生物学过程，通过改善河流水动力条件，提高水体中有益菌的数量等，有效提高水体的自净能力。

二、植被修复

恢复重建河流岸边带湿地植物及河道内的多种生态类型的水生高等植物，可以有效提高河岸抗冲刷强度，提升河床稳定性，也可以截留陆源的泥沙及污染物，还可以为其他水生生物提供栖息、觅食、繁育场所，并改善河流的景观功能。

在水工、水利安全许可的前提下，尽可能地改造人工砌护岸，恢复自然护坡，恢复重建河流岸边带湿地植物，因地制宜地引种、栽培多种类型的水生高等植物。在不影响河流通航、泄洪排涝的前提下，在河道内也可引种沉水植物等，以改善水环境质量。

三、生态补水

河流生态系统中的动物、植物及微生物组成都是长期适应特定水流、水位等特征而形成的特定的群落结构。为了保持河流生态系统的稳定，应根据河流生态系统主要种群的需要，调节河流水位、水量等，以满足水生高等植物生长繁殖的需要。例如：在洪涝年份，应根据水生高等植物的耐受性，及时采取措施，降低水位，避免水位过高对水生高等植物的压力；在干旱年份，水位太低，河床干枯，为了保证水生高等植物正常的生长繁殖，必须适当提高水位，满足水生高等植物的需要。

四、生物—生态修复技术

生物—生态修复技术是通过微生物的接种或培养，实现水中污染物的迁移、转化和降解，从而改善水环境质量；同时，引种各种植物、动物等，调整水生生态系统结构，强化生态系统的功能，进一步消除污染，维持优良的水环境质量和生态系统的平衡。

从本质上说，生物—生态修复技术是对自然恢复能力和自净能力的一种强化。生物—生态修复技术必须因地制宜，根据水体污染特性、水体物理结构及生态结构特点等，将生物技术、生态技术合理组合。常用的技术包括生物膜技术、固定化微生物技术、高效复合菌技术、植物床技术和人工湿地技术等。

生物—生态技术的组合对河流的生态修复，从消除污染着手，不断改善生境，为生态修复重建奠定基础，而生态系统的构建，又可为稳定和维持环境质量提供保障。

五、生物群落重建技术

生物群落重建技术是利用生态学原理和水生生物的基础生物学特性，通过引种、保护和生物操纵等技术措施，系统地重建水生生物多样性。

第四节　湿地的生态修复

一、湿地生态修复的方法

（一）湿地补水增湿措施

所有的湿地都存在短暂的丰水期，但各个湿地在用水机制方面存在很大的自然差异。多数情况下，湿地及周围环境的排水，地下水过度开采等人类活动对湿地水环境具有很大的影响。一般认为许多湿地在实际情况下要比理想状态易缺水干枯，因此对湿地采取补水增湿的措施很有必要，但根据实践结果发现，这种推测未必成立。原因在于目前湿地水位的历史资料仍然不完备，而且部分干枯湿地是由自然界干旱引起的。有资料表明适当的湿地排水不但不会破坏湿地环境，反而会增加湿地物种的丰富度。

但一般对曾失水过度的湿地来讲，湿地生态修复的前提条件是修复其高水位。但想完全修复原有的湿地环境，单单对湿地进行补水是不够的，因为在湿地退化过程中，湿地生态系统的土壤结构和营养水平均已发生变化，如酸化作用和氮的矿化作用是排水的必然后果，而增湿补水伴随着氮、磷的释放，特别是在补水初期，因此，湿地补水必须解决营养物质的积累问题。此外，钾缺乏也是排水后泥炭地土壤的特征之一，这是限制或影响湿地成功修复的重要因素。

可见，进行补水对于湿地生态修复来说仅仅是一个前奏，还需要进行很多的后续工作。而且，由于缺乏湿地水位的历史资料，人们往往很难准确估计补充水量的多少。一般而言，补水的多少应通过目标物种或群落的需水方式来确定，水位的极大值、极小值、平均最大值、平均最小值、平均值以及水位变化的频率与周期都可以影响湿地生态系统的结构与功能。

湿地补水首先要明确湿地水量减少的原因。修复湿地的水量也可通过挖掘降低湿地表面以补偿降低的水位、通过利用替代水源等方式进行。多数情况下，技术上不会对补水增湿产生限制，而困难主要集中在资源需求、土地竞争或政治因素等方面。在此讨论的湿地补水措施包括减少湿地排水、直接输水和重建湿地系统的供水机制。

1. 减少湿地排水

目前减少湿地排水的方法主要有两种，一种是在湿地内挖掘土壤形成潟湖以蓄积水源；另一种方法是在湿地生态系统的边缘构建木材或金属围堰以阻止水源流失。第二种方法是最简单和普遍应用的湿地保水方法，但是当近地表土壤的物理性质被改变后，单凭堵塞沟壑并不能有效地给湿地进行补水，必须辅以其他的方法。

填堵排水沟壑的目的是减少湿地的横向排水，但在某些情况下，沟壑对湿地的垂直向水流也有一定作用。堵塞排水沟时可以通过构建围堰减少排水沟中的水流，在整个沟壑中铺设低渗透性材料可减少垂直向的排水。

在由高水位形成的湿地中，构建围堰是很有效的。除了减少排水，围堰的水位还应比湿地原始状态更高。但高水位也潜藏隐患，营养物质在沟壑水中的含量高时，会渗透到相连的湿地中，对湿地中的植物直接造成负面影响。对于由地下水上升而形成的湿地，构建围堰需进行认真的评价，因为横向水流是此类湿地形成的主要原因，围堰可能造成淤塞，非自然性的低潜能氧化还原作用可能会增加植物毒素的产生。

湿地供水减少而产生的干旱缺水这一问题可通过围堰进行缓解。但对于其他原因引起的缺水，构建围堰并不一定适宜，因为它改变了自然的水供给机制，有时需要工作人员在次优的补水方式和不采取补水方式之间进行抉择。

减少横向水流主要通过在大范围内蓄水。堤岸是一类长的围堰，通常在湿地表面内部或者围绕着湿地边界修建，以形成一个浅的潟湖。对于一些因泥炭采掘、排水和下陷所形成的泥炭沼泽地，可以用堤岸封住其边缘。泥炭废弃地边缘的水位下降程度主要取决于泥炭的水传导性质和水位梯度。有时上述两个变量之一或全部值都很小，会形成一个很窄的水位下降带，这种情况下通常不需要补水。在水位比期望值低很多的情况下，堤岸是一种有效的补水工具，它不但允许小量洪水流入，而且还能减少水向外泄漏。

修建堤岸的材料很多，包括以黏土为核心的泥炭、低渗透性的泥炭黏土以及最近发明的低渗透膜。其设计一般取决于材料本身的用途和不同泥炭层的水力性质。沼泽破裂的可能性和堤岸长期稳定性也需要重视。对于那些边缘高度差较大的地方，相比于单一的堤岸，采用阶梯式的堤岸更合理。阶梯式的堤岸可通过在周围土地上建立一个阶梯式的潟湖或在地块边缘挖掘一系列台阶实现。前者不需要堤岸与要修复的废弃地毗连，因为它的功能是保持周围环境的高水位。这种修建堤岸的方式类似于建造一个浅的潟湖。

2. 直接输水

对于由于缺少水供给而干涸的湿地，在初期采用直接输水来进行湿地修复效果明显。人们可以铺设专门的给水管道，也可以利用现有的河渠作为输水管道进行湿地直接输水。供给湿地的水源除了从其他流域调集外，还可以利用雨水进行水源补给。雨水补水难免会存在一定的局限性，特别是在干燥的气候条件下，但又不得不承认雨水输水确实具有可行性，如可划定泥炭地的部分区域作为季节性的供水蓄水池，充当湿地其他部分的储备水源。在地形条件允许的情况下，雨水输水可以通过引力作用进行排水（包括通过梯田式的阶梯形补水、排水管网或泵）。潟湖的水位通过泵排水来维持，效果一般不好，因为有资料表明它可能导致水中可溶物质增加。但若雨水是唯一可利用的补水源，相对季节性的低水位而言这种方式仍然是可行的。

3. 重建湿地系统的供水机制

湿地生态系统的供水机制改变而引起湿地的水量减少时，重建供水机制也是一种修复的方法，但是，由于大流域的水文过程影响湿地，修复原始的供水机制需要对湿地和流域都加以控制，这种方法缺少普遍可行性。单一问题引起的供水减少更适合应用修复供水机制的方法（如取水点造成的水量减少），这种方法虽然简单但很昂贵，并且想保证湿地生态系统的完全修复，仅通过修复原来的水供给机制是不够全面的。

（二）控制湿地营养物

许多地区的淡水湿地中富含营养物质都是由于水漉的营养积累作用（特别是农业或者工业的排放）造成的。营养物质的含量受水质、水流源区以及湿地生态系统本身特征的影响。由于湿地生态系统面积较大，对一个具体的湿地而言，一般无法预测营养物质的阈值要达到多少才能对生态修复的过程起决定性作用。

水量减少的湿地，由于干旱，沉积在土壤里的很多营养物质会被矿化。矿化的营养物质会造成土壤板结，致使排水不畅。各类报道表明排水后的湿地土壤中氮的矿化作用会增强，磷的解吸附速率以及脱氮速率可因水位升高而加快。这种超量的营养物积累或者矿化可能对生态修复造成负面的影响，因此，湿地系统中的有机物含量需人为进行调整，通常情况下是降低湿地生态系统中的有机物含量。降低湿地生态系统中有机物含量的方法包括吸附吸收法、剥离表土法，脱氮法和收割法。

（三）改善湿地酸化环境

湿地酸化是指湿地土壤表面及其附近环境 pH 值降低的现象。湿地酸化程度取决于湿地系统的给排水状况、进入湿地的污染物种类与性质（金属阳离子和强酸性阴离子吸附平衡）以及湿地植物组成等。在某些地区，酸化是湿地在自然条件下自发的过程，与泥炭的积累程度密不可分，但不受水中矿物成分的影响。酸化现象较易出现在天然水塘中漂浮的植物周围和被洪水冲击的泥炭层表面。湿地土壤失水会导致 pH 值下降。此外，有些情况下硫化物的氧化也会引起酸性（硫酸）土壤含量的增加。

（四）控制湿地演替和木本植物入侵

一些湿地生境处于顶级状态（如由雨水产生的鱼塘）、次顶级状态（如一些沼泽地）或演替进程缓慢（如一些盐碱地），多数湿地植被处于顶级状态，演替变化相当快，会产生大量较矮的草地，同时草本植物易被木本植物入侵，从而促成了湿地的消亡。因此，控制或阻止湿地演替和木本植物入侵成为许多欧洲地区湿地修复性管理的主要工作，相比之下，这种工作在其他地方却没有得到普遍重视，部分原因在于历史上人们普遍任由湿地生境自然发展，而缺乏对湿地的有效管理或管理方式不正确。

（五）修复湿地乡土植被

湿地植被修复主要通过两种方式进行：一种方法是从湿地系统外引种，进行人工植被修复；另一种是利用湿地自身种源进行天然植被修复。

二、陆地湿地恢复的技术方法

（一）湿地生境恢复技术

这一类技术是指通过采取各类技术措施提高生境的异质性和稳定性，包括湿地基底恢复、湿地水状态恢复和湿地土壤恢复。第一，基底恢复。通过运用工程措施，维持基底的稳定，保障湿地面积，同时对湿地地形、地貌进行改造。具体技术包括湿地及上游水土流失控制技术和湿地基底改造技术等。第二，湿地水状态恢复。此部分包括湿地水文条件的恢复和湿地水质的改善。水文条件的恢复可以通过修建引水渠、筑坝等水利工程来实现。前者可增加来水，后者可减少湿地排水，通过这两个方面来对湿地进行补水保水。湿地最重要的一个因素便是水，水也往往是湿地生态系统最敏感的因素。对于缺少水供给而干涸的湿地，可以通过直接输水来进行初期的湿地修复，之后可以通过工程措施来对湿地水文过程进行科学调度。对湿地水质的改善，可以应用污水处理技术、水体富营养化控制技术等来进行。污水处理技术主要针对湿地上游来水过程，目的是减少污染物质的排入，而水体富营养化控制技术，往往针对湿地水体本身，这一技术又分为物理、化学及生物等方法。第三，湿地土壤恢复。这部分包括土壤污染控制技术、土壤肥力恢复技术等。

（二）湿地生物恢复技术

这一部分技术方法，主要包括物种选育和培植技术、物种引入技术、物种保护技术、种群动态调控技术、种群行为控制技术、群落结构优化配置与组建技术、群落演替控制与恢复技术等。对于湿地生物恢复而言，最佳的选择便是利用湿地自身种源进行天然植被恢复。这样可以避免因为引入外来物种而发生的生物入侵现象。天然种源恢复包括湿地种子库和孢子库、种子传播和植物繁殖体三类。排水不良的土壤是一个丰富的种子库，与现存植被有很大的相似性。因为不同湿地植被形成种子库的能力有很大不同，所以其重要性对于不同湿地类型也不尽相同。一般来说，丰水、枯水周期变化明显的湿地系统含有大量的一年生植物种子库，人们可以利用这些种子来进行恢复，但一些持续保持高水位的湿地中种子库就相对缺乏。对于不能形成种子库的湿地植物，其恢复关键取决于这类植物的外来种子在湿地内的传播，这便是种子传播。植物繁殖体指湿地植物的某一部分有时也可以传播，然后生长，如一些苔藓植物等，可以通过风力传播重新生长。通过外来引种进行植物恢复，有播种、移植、看护植物等方式。

（三）湿地生态系统结构与功能恢复技术

主要包括生态系统总体设计技术，生态系统构建与集成技术等。这一部分是湿地生态恢复研究中的重点及难点。对不同类型的退化湿地生态系统，要采用不同的恢复技术。

三、滨海湿地生态修复方法

选择在典型海洋生态系统集中分布区、外来物种入侵区、重金属污染严重区、气候变化影响敏感区等区域开展一批典型海洋生态修复工程，建立海洋生态建设示范区，因地制宜地采取适当的人工措施，结合生态系统的自我恢复能力，在较短的时间内实现生态系统服务功能的初步恢复。制定海洋生态修复的总体规划、技术标准和评价体系，合理设计修复过程中的人为引导，规范各类生态系统修复活动的选址原则、自然条件评估方法，修复涉及相关技术及其适合性，对修复活动的监测与绩效评估技术等。开展以下一系列生态修复措施：对滨海湿地实行退养还滩，恢复植被，改善水文，底播增殖大型海藻，保护养护海草床和恢复人工种植，实施海岸防护屏障建设，逐步构建我国海岸防护的立体屏障，恢复近岸海域对污染物的消减能力和生物多样性的维护能力，建设各类海洋生态屏障和生态廊道，提高防御海洋灾害以及应对气候变化的能力，增加蓝色碳汇区。通过滨海湿地种植芦苇等盐沼植被和在近岸水体中种植大型海藻以吸附治理重金属污染。通过航道疏浚物堆积建立人工滨海湿地或人工岛，将疏浚泥转化为再生资源。

（一）微生物修复

有机污染物质的降解转化实际上是由微生物细胞内一系列活性酶催化进行的氧化、还原、水解和异构化等过程。目前，滨海湿地主要受到以石油为主的有机污染。在自然条件下，滨海湿地污染物可以在微生物的参与下自然降解。湿地中虽然存在大量可以分解污染物的微生物，但由于这些微生物的密度较低，降解速度极为缓慢。特别是由于有些污染物质缺乏自然湿地微生物代谢所必需的营养元素，微生物的生长代谢受到影响，从而也影响污染物质的降解速度。

湿地微生物修复成功与否主要与降解微生物群落在环境中的数量及生长繁殖速率有关，因此，当污染湿地环境中降解菌很少或不存在时，引入数量合适的降解菌株是非常必要的，这样可以大大缩短污染物的降解时间。微生物修复中引入具有降解能力的菌种成功与否与菌株在环境中的适应性及竞争力有关。环境中污染物的微生物修复过程完成后，这些菌株大都会由于缺乏足够的营养和能量来源最终在环境中消亡，但少数情况下接种的菌株可能会长期存在于环境中。因此，在引入用于微生物修复的菌种之前，应事先做好风险评价研究。

（二）大型藻类移植修复

大型藻类不但能有效降低氮、磷等营养物质的浓度，而且能通过光合作用，提高海域初级生产力。同时，大型海藻的存在还为众多的海洋生物提供了生活的附着基质，食物和生活空间对赤潮生物还有抑制作用。因此，大型海藻对于海域生态环境的稳定具有重要作用。

许多海区本来有大型海藻生存，但由于生境丧失（如由于污染和富营养化导致的透明度降低使海底生活的大型藻类得不到足够的光线而消失以及海底物理结构的改变等）、过度开发等原因而从环境中消失，使得这些海域的生态环境更加恶化。由于大型藻类具有诸多生态功能，特别是大型藻类易于栽培后从环境中移植，因此在海洋环境退化海区，特别是富营养化海水养殖区移植栽培大型海藻，是对退化的海洋环境进行原位修复的有效手段。目前，世界上许多国家和地区都利用大型藻类移植来修复退化的海洋生态环境。用于移植的大型藻类有海带、江蓠、紫菜、巨藻、石莼等。大型藻类移植具有显著的环境效益、生态效益和经济效益。

在进行退化海域大型藻类生物修复过程中，首选的是土著大型藻类。有些海域本来就有大型藻类分布，由于种种原因大量减少或消失。对于这些海域，我们应该在进行生境修复的基础上，扶持幸存的大型藻类，使其尽快恢复正常的分布和生活状态，促进环境的修复。对于已经消失的土著大型藻类，宜从就近海域规模引入同种大型藻类，有利于尽快在退化海域重建大型藻类生态环境。在原先没有大型藻类分布的海域，也可能原先该海域本就不适合某些大型藻类生存，因此我们应在充分调查了解该海域生态环境状况和生态评估的基础上，引入一些适合该海域水质和底质特点的大型藻类，使其迅速增殖，形成海藻场，促进退化海洋生态环境的恢复。也可以在这些海域，通过控制污染，改良水质，建造人工藻礁，创造适合大型藻类生存的环境，然后移植合适的大型藻类。

在进行大型藻类移植过程中，大型海藻可以以人工方式采集其孢子令其附着于基质上，将这种附着有大型藻类孢子的基质投放于海底让其萌发、生长，或人为移栽野生海藻种苗，促使各种大型海藻在退化海域大量繁殖生长，形成密集的海藻群落，形成大型的海藻场。

（三）底栖动物移植修复

由于底栖动物中有许多种类是靠从水层中沉降下来的有机碳屑为食物，有些以水中的有机碎屑和浮游生物为食，同时许多底栖生物还是其他大型动物的饵料。在许多湿地、浅海以及河口区分布的贻贝床、牡蛎礁具有的重要生态功能。因此底栖动物在净化水体、提供栖息生境、保护生物多样性和耦合生态系统能量流动等方面均具有重要的功能，对控制滨海水体的富营养化具有重要作用，对于海洋生态系统的稳定具有重要意义。

在许多海域的海底天然分布着众多的底栖动物。但是自 20 世纪以来，由于过度采捕、环境污染、病害和生境破坏等原因，在沿海海域，特别是河口、海湾和许多沿岸海区，许多底栖动物的种群数量持续下降，甚至消失。许多曾拥有海洋生物多样性的富饶海岸带，已成为无生命的荒滩、死海，海洋生态系统的结构与功能受到破坏，海洋环境退化越来越严重。

为了修复沿岸浅海生态系统，净化水质和促进渔业可持续发展，近年来世界各地都开展了一系列牡蛎礁、贻贝床和其他底栖动物的恢复活动。在进行底栖动物修复过程中，在控制污染和生境修复的基础上，通过引入合适的底栖动物种类，使其在修复区域建立稳定的种群，形成规模资源，以生物来调控水质、改善沉积物质量，以期在退化潮间带、潮下带重建植被和底栖动物群落，使受损生境得到修复、自净，进而恢复该区域生物多样性和生物资源的生产力，促使退化海洋环境的生物结构趋于完善，保持生态平衡。

为达到上述目的，采用的方法可以是土著底栖动物种类的增殖和非土著种类的移植等。适用的底栖动物种类包括：贝类中的牡蛎、贻贝、毛蚶、青蛤、杂色蛤，多毛类的沙蚕，甲壳类的蟹类等。例如，美国在东海岸及墨西哥湾建立了大量的人工牡蛎礁，研究结果证实，构建的人工牡蛎礁经过两三年时间，自然生境的生态功能就能恢复。

第五节　地下水的生态修复

随着科学技术的进步，各项地下水修复技术也发展起来，有传统修复技术、气体抽提技术、原位化学反应技术、生物修复技术、植物修复技术、空气吹脱技术、污染带阻截墙技术，稳定和固化技术以及电动力学修复技术等。

一、传统修复技术

采用传统修复技术处理受到污染的地下水层时，用水泵将地下水抽取出来，在地面进行处理、净化。这样，一方面取出来的地下水可以在地面得到合适的处理、净化，然后再重新注入地下或者排放进入地表水体，从而减少了地下水和土壤的污染程度；另一方面可以防止受污染的地下水向周围迁移，减少污染扩散。

二、生物修复技术

原位自然生物修复，是利用土壤和地下水原有的微生物，在自然条件下对污染区域进行自然修复。但是，自然生物修复也并不是不采取任何行动措施，同样需要制定详细的方案，鉴定现场的活性微生物，监测污染物降解速率和污染带的迁移等。原位工程生物修复指采取工程措施，有目的地操作土壤和地下水中的生物过程，加快环境修复。在原位工程生物修复技术中，一种途径是提供微生物生长所需要的营养，改善微生物生长的环境条件，从而大幅度提高野生微生物的数量和活性，提高其降解污染物的能力，这种途径称为生物强化修复；另一种途径是投加实验室培养的对污染物具有特殊亲和性的微生物，使其能够降解土壤和地下水中的污染物，称为生物接种修复。地面生物处理是将受污染的土壤挖掘出来，在地面建造的处理设施内进行生物处理。

三、生物反应器法

生物反应器法是把抽提地下水系统和回注系统结合并加以改进的方法，就是将地下水抽提到地上，用生物反应器加以处理的过程。这种处理方法自然形成一个闭路环，包括以下几个步骤：①将污染地下水抽提至地面。②在地面生物反应器内对污染的地下水进行好氧降解，并不断向生物反应器内补充营养物和氧气。③处理后的地下水通过渗灌系统回灌到土壤内。④在回灌过程中加入营养物和已驯化的微生物，并注入氧气，使生物降解过程在土壤及地下水层内加速进行。

四、生物注射法

生物注射法是对传统气提技术加以改进而形成的新技术。

生物注射法主要是在污染地下水的下部加压注入空气，气流能加速地下水和土壤中有机物的挥发和降解。

生物注射法主要是通气、抽提联用，并通过增加及延长停留时间促进生物代谢进行降解，提高修复效率。

生物注射法存在一定的局限性，该方法只适用于土壤气提技术可行的场所，效果受岩相学和土层学的制约，如果用于处理黏土方面，效果就不是很理想。

参考文献

[1] 杜亚平 . 中小流域水文站监测设施设计与建设分析 [J]. 陕西水利，2021（6）：39-40，43.

[2] 高明 . 水资源配置下的河流生态水文演化分析 [J]. 地下水，2020，42（2）：196-197.

[3] 高明 . 水资源优化管理中水文预报技术应用探讨 [J]. 地下水，2020，42（3）：179-180.

[4] 耿延博 . 基于水文模型的水资源评价研究 [J]. 黑龙江水利科技，2022，50（3）：104-105，197.

[5] 顾天威 . 基于资料同化的清江流域大气－水文耦合预报研究 [D]. 南京：南京信息工程大学，2021.

[6] 扈家昱 . 气候变化对水文水资源影响问题的探讨 [J]. 农业开发与装备，2021（10）：92-93.

[7] 李欢丽 . 浅析流量比测对水文资料一致性分析的应用 [J]. 地下水，2021，43（6）：261-262.

[8] 李骚，马耀辉，周海君 . 水文与水资源管理 [M]. 长春：吉林科学技术出版社，2020.

[9] 李雪菲 . 气候变化对水文水资源影响问题的探讨 [J]. 农业科技与信息，2021（8）：14-15，18.

[10] 李嫣然 . 湖南省永州市修宜村传统村落景观资源保护与利用研究 [D]. 长沙：中南林业科技大学，2021.

[11] 栗士棋，刘颖，程芳芳，等 . 环境变化对水资源影响研究进展及其借鉴与启示 [J]. 水利科学与寒区工程，2020，3（5）：1-6.

[12] 刘洪明，陈鑫，徐文腾 . 新时代背景下水文水资源监测的发展思路 [J]. 山东水利，2020（9）：42-43.

[13] 刘凯 . 水文与水资源利用管理研究 [M]. 天津：天津科学技术出版社，2021.

[14] 罗清虎 . 水文水资源监测现状分析及应对措施 [J]. 智能城市，2019，5（20）：132-133.

[15] 王泽，吴月 . 三种水质评价方法在地表水质评价中的对比研究 [J]. 治淮，2022（6）：14-16.

[16] 吴洋 . 气候变化对水文水资源影响的表现及对策 [J]. 智能城市，2021，7（19）：59-60.

[17] 邢金莎 . 基于深度学习的矿井水文参数分析与预测 [D]. 西安：西安科技大学，2021.

[18] 徐海 . 水文资料整编成果表检工作探讨 [J]. 陕西水利，2021（8）：273-274.

[19] 余新晓，张建军，马岚，等 . 水文与水资源学 [M]. 北京：中国林业出版社，2016.

[20] 张越，顾长宽，李星瑜 . 洪水调查与计算方法 [J]. 河南水利与南水北调，2020，49（6）：31-32.

[21] 张占贵，李春光，王磊，等 . 水文与水资源基本理论与方法 [M]. 沈阳：辽宁大学出版社，2020.

[22] 章雨乾，章树安 . 水资源与水文监测主要差异分析研究 [J]. 水利信息化，2021（1）：67-70.